极限制造

高治军 许 可 著

中国矿业大学出版社

内 容 提 要

本书以典型纳米器件——单壁碳纳米管场效应晶体管(SWCNT Field Effect Transistor,SWCNT FET)装配制造为范例,面向纳米器件规模化制造,针对 SWCNT FET 规模化制造市场需求,系统研究了基于浮动电势和介电泳原理的纳米器件装配方法,设计实现了基于浮动电势介电泳的纳米器件批量化装配技术,实验结果验证了研究方法的有效性和可行性,为纳米电子器件制造技术发展提供了有意义的理论指导和实验方法。

图书在版编目(C I P)数据

极限制造/高治军,许可著. —徐州:中国矿业大学出

版社,2018.9

ISBN 978 - 7 - 5646 - 3950 - 1

Ⅰ. ①极… Ⅱ. ①高…②许… Ⅲ. ①纳米材料—电子器件—生产工艺 Ⅳ. ①TN605

中国版本图书馆 CIP 数据核字(2018)第 081581 号

书　　名	极限制造
著　　者	高治军　许　可
责任编辑	仓小金
出版发行	中国矿业大学出版社有限责任公司
	（江苏省徐州市解放南路　邮编 221008）
营销热线	(0516)83885307　83884995
出版服务	(0516)83885767　83884920
网　　址	http://www.cumtp.com　E-mail:cumtpvip@cumtp.com
印　　刷	江苏凤凰数码印务有限公司
开　　本	787×960　1/16　**印张** 8.5　**字数** 162 千字
版次印次	2018 年 9 月第 1 版　2018 年 9 月第 1 次印刷
定　　价	28.00 元

（图书出现印装质量问题,本社负责调换）

前　言

当尺度由宏观缩小到微观时,将出现很多新奇的物理现象,很多物理规律也将发生质的改变。目前,针对纳米精度制造、纳米尺度制造的基础科学问题,研究制造过程由宏观进入微观时,能量、运动与物质结构和性能间的作用机理与转换规律,结合材料科学和介观物理学,综合采用控制理论和纳米操作机器人技术,发展基于纳米力反馈的可控纳米加工技术,旨在实现面向碳纳米管、石墨烯、ZnO 纳米线等一维、二维纳米材料的可重复、高精度、一致性加工。在纳米加工技术领域,随着实验技术水平的不断提高,研究人员已获得了纳米加工过程的许多重要信息,向理论研究提出了更具挑战性的课题。随着对纳米加工过程的深入研究,如何从静态的理论研究向动态发展,如从小体系向纳米、介观尺度过渡,已经成为目前纳米技术理论研究的热点。

纳米材料指其结构单元的尺寸介于 $1\sim100$ nm 的材料,在结构上分为零维、一维、二维。自从 1993 年单壁碳纳米管(Single-Walled Carbon Nanotube,SWCNT)实现人工合成以来,研究人员已发现它具有多种特殊的物理特性,如导体或半导体、量子特性、纳米尺度等,为纳电子器件提供了非常理想的新材料。SWCNT 所具有的独特电特性及尺度特性,使它成为研制新型电子单元器件的首选材料。因此,构建 SWCNT 纳电子器件的技术研究已成为国际科学技术前沿热点之一。基于 SWCNT 的纳米器件制造核心技术是材料制备、装配与可靠连接等。随着纳米科学技术的进步,实现纳米器件的规模化制造装配已成为纳米科学技术研究与应用发展的关注热点。

目前,SWCNTs 基纳米器件制作技术基本上仍处于实验室阶段,现有典型装配技术还无法实现可规模化、低成本的纳米器件制造,这种技术现状仍然是制约纳电子器件研究和应用所面临的挑战性问题。

本书以典型纳米器件——单壁碳纳米管场效应晶体管(SWCNT Field Effect Transistor,SWCNT FET)装配制造为范例,面向纳米器件规模化制造,针对 SWCNT FET 规模化制造市场需求,系统研究了基于浮动电势和介电泳原理的纳米器件装配方法,设计实现了基于浮动电势介电泳的纳米器件批量化装配技术,实验结果验证了研究方法的有效性和可行性,为纳米电子器件制造技术发展提供了有意义的理论指导和实验方法。

本书第 1、4、6、7、8 章由沈阳建筑大学的高治军撰写;其余各章由沈阳建筑大学的许可教授撰写。全书由高治军完成定稿和校对。

值此书付诸印刷之际,首先感谢沈阳建筑大学刘剑、李孟歆、英宇、侯静、梁文峰、张颖、郭喜峰、胡楠、许崇、王鑫、付国江等同志为此书的撰写投入大量精力;其次,感谢沈阳建筑大学王新、李宏伟、门蕊、刘新、李凌燕、刘西洋、王丽、杨谢柳、毛永明、常岭等同志提供的宝贵意见,同时感谢我的研究生富楚涵、孙伟航、邵永健(第 1 章)、解树森(第 2 章)、黄鑫(第 3 章)和陈巨擎(第 4 章)等参与了本书的编写工作。

由于著者水平所限,书中难免有不足之处,欢迎读者和有识之士批评指正。

著者

二〇一八年三月二十日

目　　录

第1章　纳米器件装配制造技术

1.1　概　　述

纳米技术和纳米器件是当今高新技术的重要发展方向之一。纳米技术的突破和纳米器件的应用依赖于纳米加工技术的进步。根据国际半导体发展蓝图（International Technology Roadmap for Semiconductor，ITRS）2007 年 12 月的技术报告（ITRS2007），到 2020 年，动态随机存储器的半节距宽度将为 14 nm。随着器件尺寸的不断减小，将越来越接近现有电子元器件架构的极限，所遇到的难以逾越的问题不仅是电子器件的物理极限，同时还包括功耗问题以及精密图形化加工等技术瓶颈。为了应对"后摩尔时代"的到来，半导体和集成电路在近几年前就提出了"甚摩尔"概念，其目的就是要利用先进的微纳米器件加工技术，将信息获取、处理、发送和接收单元集成在同一芯片上，以提高芯片功能密度，来应对所面临的技术瓶颈。传统的硅基平面印刷工艺技术已经制约了集成电路（Integrated Circuit，IC）芯片性能和集成度的进一步提升，发展新型阵列化和规模化的纳电子器件装配与制造技术已成为目前国际科技界最为重视的前沿研究领域。纳米加工技术和相关设备的研发水平，直接反映了一个国家和地区在先进制造科技领域的总体发展实力，这一点已成为世界性共识。纳电子器件规模化装配制造能力的提升，将对众多领域技术的提升和推动作用产生巨大的影响。

　　随着纳米技术的进步,纳米传感器已经被广泛应用于各种领域,典型如气体、温度、湿度监测等。随着材料科学和传感技术的发展,基于模式识别方法的电子鼻技术吸引越来越多的关注。电子鼻是能够模拟人类嗅觉系统的一种人工智能电子器件,是适用于多种条件下测量一种或多种气味物质的气体敏感系统。电子鼻系统主要由气体传感器阵列、信号预处理单元和模式识别单元三部分组成。不同纳米材料吸附同一气体时,因各自的宽带隙不同,吸附前后导电变化率也就不同,所以气体传感器阵列可以由多种纳米材料作为其活性材料,与电子鼻传统活性材料相比,纳米材料所具有的独特电学特性及尺度特性,能大大提高对目标气体检测的准确性和快速性。

　　对基于一维纳米材料的纳电子器件或系统而言,如同三极管在微电子学中的重要意义一样,基于纳米材料的场效应晶体管(Field Effect Transistor, FET)作为最基本的功能构成单元,具有极其重要的地位。目前面临的问题是,利用实验室方法制造的纳米材料结构效率很低,可靠性差,成本高,远不能满足纳米科学技术发展的需求和实际应用需求,这种现状,极大限制了基于纳米材料 FET 结构的纳米尺度材料、物理、化学、生物学特性研究以及纳米器件、功能结构、系统研究的开展,同时,也极大限制了纳米应用技术的研究发展。

　　基于氧化锌、碳纳米管、氧化铜等纳米材料的纳米功能结构和功能器件及其制作技术已成为新的科学技术发展领域。单壁碳纳米管(Single-Walled Carbon Nanotube, SWCNT)所具有的独特电学特性及尺度特性,使它成为研制下一代电子单元器件的首选,单壁碳纳米管不仅是微电子器件中硅基材料的绝佳替代品,而且能大大提高许多功能器件的物理化学性质。因此构建碳纳米管器件的技术研究已成为国际科学技术前沿热点之一。通过纳米装配技术进行纳米器件的制造,是纳米制造的基本技术,其核心内容是实现对纳米材料的精确操控。而目前对于纳米材料的有效分离、操作、加工、装配等操控与检测技术仍是亟待解决的难题。氧化锌(Zinc oxide, ZnO)作为一种重要的宽禁带半导体功能材料,具有宽带隙(3.37 eV)和高激子束缚能(60 meV),可实现室温下的紫外线受激辐射,具备半导体、光电、压电、热电、气敏、透明导电和无害性等诸多优良特性,是一种重要的纳米功能材料。近年来,随着高质量 ZnO 晶体生长技术的突破,ZnO材料、器件及应用研究已成为新的持续研究热点。一维纳米材料和器件的研究作为纳米科学技术的一个重要分支,自 1991 年 S. Iijima发现多壁碳纳米管起,便得到了极大的关注和发展。ZnO 纳米线、纳米棒是重要的一维纳米材料,可用于制造紫外发光二极管(Light-Emitting Diode,LED)、激光器二极管(Laser Diode,LD)、光电探器(Photo-detector,PD)等重要光电器件,也可用于 ZnO 基气体、生物、化学传感器,在光电子学太阳能电池、逻辑电路以及自旋电子器件等纳米电子学领域也具有广阔的应用前景;单壁碳纳米管所具有的独特电学特性及尺度特性,使它成为研制下一代电子单元器件的首选。单壁碳纳米管不仅是微电子器件中硅基材料的绝佳替代品,而且能大大提高许多功能器件的物理化学性质。因此构建碳纳米管器件的技术研究已成为国际科学技术前沿热点之一。通过纳米装配技术进行纳米器件的制造,是纳米制造的基本技术,其核心内容是实现对纳米材料的精确操控。而目前对于纳米材料的有效分离、操作、加工、装配等操控与检测技术仍是亟待解决的难题。

　　例如,在采用纳米结构作为敏感元件构造电学传感器时,通常需要将作为传感材料的纳米结构排布或跨接在两电极之间,以便利用其特性将随测量对象的变化以电信号的形式传出,所以有选择地将纳米材料安放到指定的位置,是纳米材料应用中首先要解决的问题。对基于 SWCNT 的纳电子器件或系统而言,如同三极管在微电子学中的重要意义一样,SWCNT FET 作为最基本的功能构成单元,具有极其重要的地位。SWCNT FET 是利用 SWCNT 的半导体特性将其作为半导体导电通道,两个铂电极分别作为源极和漏极,硅基底作为栅极,通过电连接与封装构成 SWCNT FET 纳米电子器件,如图 1-1

所示。目前面临的问题是,利用实验室方法制造 SWCNT FET 结构效率很低,可靠性差,成本高,远不能满足纳米科学技术发展的需求和实际应用需求,这种现状。极大限制了基于 SWCNT FET 结构的纳米尺度材料、物理、化学、生物学特性研究,极大限制了纳米器件、功能结构、系统研究的开展,同时,也极大限制了纳米应用技术的研究发展。

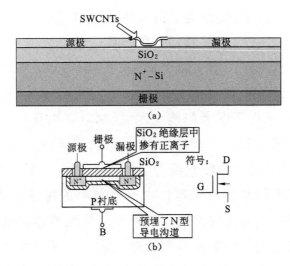

图 1-1　场效应晶体管结构图

(a) SWCNT FET 结构图;(b) 硅基 FET 结构图

　　纳米尺度下的物质普遍具有介电特性,可以在极化条件下为介电泳力所驱动,因而基于介电泳(Dielectrophoresis,DEP)原理的非接触式驱动控制方法为纳米材料的自动化、规模化操控与装配提供了一种可行技术途径。特别是介电泳技术适用于批量的纳米材料操作与控制。因此研究有效批量操控纳米材料,实现纳米材料的分离、筛选、装配技术和理论方法,已成为当前纳米科学技术研究领域的前沿热点之一。另外,这种方法与技术还可以应用到氧化锌、氧化石墨烯等其他零维、一维、二维纳米材料上,从而可以用于进行各种微纳电子器件的大规模装配与制造。

SWCNT FET、ZnO FET、CuO FET 是利用它们的半导体特性将其作为半导体导电通道,两个铂电极分别作为源极和漏极,硅基底作为栅极,通过电连接与封装构成 FET 纳米电子器件。目前面临的问题是,利用实验室方法制造基于纳米材料的 FET 结构效率很低,可靠性差,成本高,远不能满足纳米科学技术发展的需求和实际应用需求,这种现状极大限制了基于纳米材料 FET 结构的纳米尺度材料、物理、化学、生物学特性研究以及纳米器件、功能结构、系统研究的开展,同时,也极大限制了纳米应用技术的研究发展。目前,纳米器件制作技术基本上仍处于实验室研究阶段,现有装配制造技术还无法具有实时反馈的规模化、低成本制造仍然是制约纳米器件研究和应用所面临的挑战性问题。

1.2　纳电子器件装配制造研究现状

过去半个多世纪的历史表明,电子器件和计算机技术的发展对人类社会进步起到了巨大的推动作用,微电子器件被广泛应用于人类社会各个领域。然而广泛认可的摩尔定律"IC 技术可以使商业芯片的晶体管集成度每 2 到 3 年翻一番"的推论目前已经达到极限,微电子器件的光刻加工技术、电子行为和功耗过大是当前微电子技术进一步发展的三大限制。纳米结构可能是突破微电子技术限制构筑新一代电子器件的重要途径。

在采用纳米结构作为敏感元件构造电学传感器时,通常需要将作为传感材料的纳米结构排布或跨接在两电极之间,以便利用将其特性随测量对象的变化以电信号的形式传出,所以有选择地将纳米材料安放到指定的位置,是纳米材料应用中首先要解决的问题。ZnO 纳米线传感器的工作原理与场效应晶体管相似,在硅基底上,采用各种方法将 ZnO 与微电极相连,利用半导体性 ZnO 纳米线作为其导电通道,两微电极分别作为源极和漏极,硅基底背面沉积金属层作为栅极,从而形成 ZnO FET。通过 ZnO 纳米线吸附在纳米线表面的特定目标气体、化学、生物分子引起纳米线内载流子的耗尽或者积累,从而达到调控沟道电流的作用。根据纳米线导电性能的变化,实现准确辨别所吸附物质分子的目的。与常规体材料传感器相比,由于 ZnO 一维纳米线材料的细微化,比表面积增加,拥有体材料所不具备的表面效应和量子效应,晶体质量更好,载流子运输性能更为优越,因此,ZnO 纳米线传感器具有高灵敏度、高选择性、高响应速度、小体积、低能耗等优点。随着高质量 ZnO 晶体生长技术的突破,掀起了一场关于 ZnO 的研究热潮。已利用多种方法生长出包括薄膜、纳米带、纳米线、纳米棒、纳米环在内的 ZnO 材料,并且研制出相应的 ZnO 器件,展示了其良好的器件性能及应用前景。目前,美国、欧洲、日本、韩国等国家和地区均有若干研究机构开展了 ZnO 一维纳米器件的相关研究。在近八年的学术报道中,ZnO FET 及传感器研究占据了相当大的比例。普渡大学报道了使用自组装有机物作为绝缘栅介质,研究了应力对 ZnO FET 性能的影响,并且制备了增强型和耗尽型 ZnO FET。剑桥大学报道了跨导为 $3.06~\mu S$、迁移率为 $450~cm^2/(V \cdot s)$ 的高性能 ZnO FET。加利福尼亚大学也报道了 ZnO FET、气体传感器以及可恢复 ZnO 纳米线化学传感器。近年来,基于纳米材料的电子鼻制造相继展开。2013 年,韩国浦项工科大学 W. Ko 等利用 ZnO 纳米线作为活性材料制作成电子鼻对酒精、甲苯进行了检测,获得了比传统电子鼻更快的响应时间和更高的准确率。2013 年,荷兰阿姆斯特丹大学 S. Dragonieri 等采用纳米电子鼻对 56 名疑似肺结核患者呼出的气体进行识别诊断,其中 31 名被确诊,与最终结果完全相符。2014 年,意大利布雷西亚大学 G. Sberveglieri 等人制成了 SnO_2 纳米线电子鼻,对酒精和水蒸气进行了识别,并应用于食品储藏监测,取得了良好效果。2013 年,美国匹兹堡大学 Y. S. Hu 等采用基于单根 ZnO 纳米线的电子鼻从混合气体中快速检测出 CO、NO_2、CH_3OH、H_2 四种气体,具有很好的可重复性和操作性。2014 年,泰国农业大学 C. Wongchoosuk 等利用气相法和原子层沉积相结合的技术,获得了大规模高度同质化的基于 ZnO 表面改性材料的微电子鼻,可对特定的氧化物表面进行紫外线照射,光激氧自由基可以在室温条件下与核壳纳米线反应并主导气体传感机制,能够有效区分 ppb 级浓度的有毒气体和无毒气体。国内在 ZnO 纳米线材料的生长、光电应用等方面有较深入的研究,在小规模化 ZnO FET 器件的装配制造方面也开展较好,基于闭环实时检测操控系统的自动化、规模化的纳电子器件制造还很少涉及;基于纳米材料的电子鼻技术已受到一些国内高校和科研院所的关注,而基于多种纳米材料混合的电子鼻相关研究还仍然较少。2009 年,著者运用水热法合成 ZnO 纳米线,开展了基于自下而上的纳米器件设计和制作方法研究,成功研制出具有紫外辐照敏感特性的 ZnO FET。近期开展了基于浮动电势的规模化 SWCNT 基纳米器件的装配方法研究。在纳米操控方面,2013 年,著者开发了一套基于闭环实时操控系统的微流控和光诱导方法,实现了图形化聚乙二醇双丙烯酸酯水凝胶的快速原位固化并用于控制细胞生长行为的技术。2012 年,著者开发了一套高速自动化细胞机械及电特性测量系统,配合程序化控制的运动载物平台,可以高速自动化完成大范围区域内细胞机械及电特性的规模化测量。

目前,有效装配纳米材料的方法主要有自组装技术、AFM 操作、定向生长技术、光镊及介电泳法。自组装技术是指纳米材料在平衡条件下,通过弱相互作用自发地缔结成热力学上稳定的、结构上确定的、性能上特殊的聚集体的过程。自组装过程中,操作自动进行到给定预期值,不受外力影响,尽管自组装技术能实现纳米尺度下物体形貌的改变,但不能对单个纳米物体进行操控,且不能解决在运行时出现的任意纳米结构的问题;AFM 操作方法能利用其微悬臂感知和检测探针与被操作样品原子间的作用力,从而实现原子的搬运、重新排列及刻划等操作。AFM 操作方法虽然能够对纳米材料进行操控,但工作范围小,只能对接近目标位置的纳米材料进行简单的推、拉、刻、划等操作,并且每次工作只能应对一个操作对象,所以只能停留在实验室中操作;定向生长技术是在微电极上直接定向生长所需的纳米材料,这个过程是可控的,但是会带来催化剂污染问题,而且能用定向生长法控制的纳米材料的种类也不能被期望;光镊技术用一束高度汇聚的激光形成的三维势阱来俘获、操作控制微小粒子,可操控微小宏观物体,在生命科学领域有一定的应用,但较难同时操控多个粒子或者对单一粒子进行复杂操控。

1998 年,荷兰 Delft 工业大学 C. Dekker 等人将半导体型碳纳米管与金属电极相连,通过改变基底的电压(门电压)研制出常温状态下的碳纳米管场效应晶体管;2001 年,Delft 工业大学利用原子力显微镜(Atomic Force Microscopy, AFM)探针操作固定在微电极两端的金属性碳纳米管,改变被操作部分的导电性,利用碳纳米管场效应晶体管组装出简单门电路;2006 年,美国 IBM 公司把单根单壁碳纳米管当成导线,研制成功由 P 型结和 N 型结组成的反相器,这些研究成果证实了制造基于碳纳米管的纳电子逻辑器件的可能性;美国密西根州立大学 N. Xi 课题组自制了 SWCNT 溶液自动滴定系统,通过光学显微镜能看到 SWCNT 溶液介电泳驱动装配过程,使制造 SWCNT FET 纳米器件的准确性、可靠性、快速性得到较好的提高。2009 年,加拿大国家科学院 B. Aissa 等研究者通过激光合成法获得的 SWCNT,直接生长搭配在电极的源漏极间,制成了高开关比的 SWCNT FET。美国佐治亚理工大学的 P. Poncharal 等对碳纳米管(Carbon Nanotube, CNT)振动进行研究时,发现当有微小质量附加在碳纳米管上时,纳米管共振频率会发生改变,根据频率的改变可以测量该物体的质量(测得病毒分子的质量是 22 fg),研制了碳纳米管质量检测器(能测定皮克~飞克的质量)。印度科学研究所的 S. Ghosh 等研究了当流体流过碳纳米管管束时,在碳纳米管上沿着流动方向会产生电压,电压的大小与流动速度有关,研制了响应迅速(1 ms 内)且灵敏度极高的微流量传感器。韩国三星公司的 D. S. Chung

等利用碳纳米管的场发射效应,研制成功了 4.5 inch 的 CNT 场发射平板显示器。

1.3　机器人化纳米操作系统研究现状

目前,研究人员应用扫描隧道显微镜(Scanning Tunneling Microscope,STM)或原子力显微镜(Atomic Force Microscope,AFM)进行纳米尺度的操作,但是,这种操作只能离线规划探针的运动轨迹,在操作过程中缺乏探针与纳米物体相互作用的反馈信息,操作者无法实时得知探针在操作过程中对纳米物体作用与否及其作用的效果,从而无法对操作的中间过程以及最终的操作结果进行精确控制,导致纳米操作的成功率、效率很低。

针对这些问题,为实现纳米操作过程实时信息的反馈,并借助反馈信息对操作进行实时调节与控制,20 世纪 90 年代后期有学者开始将机器人技术(如实时信息反馈、主从式操作技术等)引入纳米操作中,从而诞生了一种全新的机器人化纳米操作概念,机器人化纳米操作方法与系统实现技术取得了一定的进展。目前,机器人化纳米操作系统主要分两类:一类是在扫描电子显微镜(Scanning Electron Microscope,SEM)的真空室中加装纳米操作器,从而形成仅具有视觉反馈的机器人化纳米操作系统;另一类为具有部分反馈信息的 AFM 机器人化纳米操作系统。

1.3.1　基于 SEM 的机器人化纳米操作系统

SEM 成像原理为:利用聚焦电子束在样品表面进行光栅式扫描,将产生的二次电子用探测器收集,经处理形成电信号后再经显像管在荧光屏上显示,从而得到样品表面的形貌。通过在 SEM 的真空室内加装纳米操作器,可以在 SEM 成像监视下进行纳米操作,是一种具有视觉反馈的机器人化纳米操作方式。

1998 年，Nogoya 大学的 Fukuda 实验室在 SEM 真空室中加装了一个多自由度的纳米操作装置，构建了基于 SEM 的纳米操作系统，并对多壁碳纳米管(multi-wall carbon nanotube，MWCNT)进行了操作研究。虽然利用 SEM 可以获得实时视觉反馈信息，但 SEM 存在自身的缺点：一方面其成像分辨率不如 SPM，操作精度受到一定限制，且由于非导体成像时其表面一般需要镀金，使得对于非导体材料的表面操作很难进行。另一方面，它在生物方面的应用受到很大限制，原因为：① 生物活体物质一般存在于液体中，而 SEM 无法对液态对象成像；② 虽然部分生物样本可以经干燥处理后固定于基片上，但容易失去活性，而且 SEM 的高能电子束很容易造成生物样本的破坏。另外，由于在操作过程中缺乏一类重要信息：(三维)力/触觉反馈信息，操作者无法依靠力/触觉反馈信息来辅助精确操作或装配，操作过程中很容易造成末端执行器(如微探针)或微粒因受力过大而损坏。上述缺陷很大程度地影响了基于 SEM 的纳米操作系统的发展与应用。

1.3.2 基于 AFM 的机器人化纳米操作系统

借鉴机器人技术，南加州大学的 A. A. Requicha 等基于 CP 型 AFM 进行了二次开发，通过鼠标控制探针的运动轨迹，在操作过程中关闭 Z 向反馈，通过监测操作过程中探针悬臂的 Z 向变形等信息来判断操作的进展情况，进行纳米微粒的操作实验。

采用上述系统可以在相对平坦的基片表面实现一些操作任务，但由于在上述操作过程中关闭 Z 向反馈，操作者对探针的 Z 向运动无法控制，当基片表面高低差距较大时，探针容易撞上基片而造成探针或基片的损坏；另外，仅根据悬臂的单向变形(Z 向变形)无法准确区分探针操作的是微粒还是基底上的突起处，从而无法实时判断操作过程的进展情况，也就无法对操作的中间过程及最终的操作结果进行实时反馈控制，显然这种操作方式的效率及成功率、灵活性仍然没有明显提高。

另外,东京大学及北卡罗来纳大学基于 AFM 开展了具有部分实时信息感知的主从式纳米操作系统研制,并取得了一定的研究成果。东京大学 M. Sitti 等研制了基于 AFM 的遥纳米机器人化系统(Tele-nanorobotics System)。该系统实质为一主从式纳米操作系统,装配了一单自由度力/触觉设备来获取 AFM 探针的 Z 向力反馈信息,并将操作前扫描所成的三维图作为纳米操作过程中的虚拟视觉环境(其中仅探针位置为动态显示);借助反馈回的 Z 向力信息及光学显微视觉信息,进行了较大尺寸微粒的操作实验;北卡罗来纳大学 M. Guthold 等基于 AFM 开发了纳米操作器(NanoManipulator)系统。该系统本质也为一主从式纳米操作系统,由 AFM、力/触觉设备等组成,该系统通过触觉设备可获得样品表面高低形貌信息,同时将操作前扫描成像图作为纳米操作过程中的虚拟视觉环境(视觉界面)。利用该系统,研究人员对 adenovirus 病毒等进行了操作研究。

分析上述两种纳米操作系统,其中 Tele-nanorobotics System 只能获得一维 Z 向力反馈信息,操作者无法借助全面的三维力/触觉信息对操作过程进行感知与反馈控制,横向力反馈信息的缺乏使得精确的纳米装配任务无法得以实现,且探针或微粒易受过大横向力而损坏。另外,上述两种操作系统共同的缺陷为:由于将操作前扫描所得的成像图(经三维处理后)作为操作过程中的纳米视觉环境,无法显示操作过程中探针作用下纳米微粒的运动以及纳米环境的实时变化(虽然 Tele-nanorobotics System 借助光学显微设备可以对较大微粒成像,但受光波长的限制,光学显微技术无法对纳米微粒成像,从而无法获得纳米微粒在操作过程中的实时视觉信息),操作处于"盲目"状态,操作者无法借助实时视觉反馈信息对纳米操作过程以及最终的操作结果进行在线调节与控制,这样纳米操作的成功率、效率以及灵活性仍然有待于提高。

1.4　纳米器件装配制造主要问题

当某种材料达到纳米级时就会具有其纳米材料自身的鲜明特点。SWCNT FET 的制造方式在研究时需要解决的主要问题可分为如下几类：

（1）将 SWCNT 通过喷（Spread）工艺直接沉积在电极上，或滴定沉积在基片上后，再利用光刻等制备微电极于 SWCNT 上形成 FET，但此类方法 SWCNT 的沉积位置/方向可控性差，不适于往规模化制造方向发展。

（2）在基片上两催化剂之间定向生长 SWCNT，利用光刻/电子束刻蚀制备微电极在催化剂（及 SWCNT）上形成 FET，但此法存在 SWCNT 的定向生长过程难控制等不足，阻碍了其向大规模制造方向的推广应用。

（3）利用聚合物溶剂吹泡法或粘贴转移法等获得定向排列的 SWCNT，再通过光刻制备电极在 SWCNT 上形成 FET，但其中吹泡法涉及的去除聚合物溶剂及电极制备腐蚀工艺易造成 SWCNT 损伤，而粘贴转移法制备工艺过于复杂，且其中的多重腐蚀工艺也易造成 SWCNT 的损伤。

（4）著者前期实验中将基于原子力显微镜的纳米操作应用于碳纳米管的装配中，实现了单根碳纳米管与微电极的装配，可进一步构成 FET，但上述操作方法主要适用于对单根或少量碳纳米管的操作与装配，不适用于 SWCNT 的规模化大量装配。

（5）借助常规介电泳技术，可以进行 SWCNT FET 的装配制造，如图 1-2 所示。在空间非均匀电场作用下，SWCNT 等微粒将会被极化而产生诱导偶极矩，从而受电场力的作用沿着电场梯度方向进行运动，最终实现在电极间的装配。基于常规介电泳技术，有学者进行了单对电极间 SWCNT 的装配，但是，即使在整个硅片上进行微电极的密集排布,按照此介电泳技术也只能利用探针扎在一对一对电极上进行单对电极间的 SWCNT 装配,实现少量 SWCNT FET 的制造,无法利用该介电泳技术实现 SWCNT FET 的规模化装配制造。

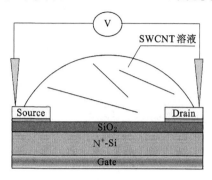

图 1-2　常规介电泳技术用于单壁碳纳米管的装配

对此,本书提出基于浮动电势机理的大规模装配方法来实现 SWCNT 与微电极的规模化装配,从而实现 SWCNT FET 的大规模装配制造,为 SWCNT 纳电子器件的大规模制造提供实现方法与关键技术。利用浮动电势介电泳法进行 SWCNTs FET 的规模化装配方式如图 1-3 所示。源极通过交叉相连的电极相互连接在一起,与其相对的电极为漏极,栅极为背栅。由于源极相连在一起,当施加交变电场到源极的较粗引出端及背栅时,每个漏极均由于与栅极的电容耦合而产生浮动电势,从而与相应的每个源极之间存在交变电场,驱动 SWCNTs 装配至每对电极间,实现 SWCNTs 的硅片级规模化装配。

另外,这种大规模装配方法将不仅适用于碳纳米管,还可以应用到氧化锌、硅纳米线等其他一维纳米材料上,可用于进行类似纳米材料纳电子器件的大规模装配制造。本研究获得的方法与关键技术将极大地提高纳米器件的制造效率、降低制造成本,为纳米器件走出实验室、走向实际应用奠定重要的技术基础,所得到的研究成果将会在相关微纳制造领域产生较大影响,推动我国微纳制造及纳电子学科领域的技术发展。

图 1-3　浮动电势介电泳法实现 SWCNTs 的规模化装配

1.5　纳米器件的规模化装配制造关键技术

（1）浮动电势介电泳大规模装配机理分析及浮动电势解析模型的建立

针对浮动电势介电泳的电路结构得出其等效电路图,从而求得浮动电势与栅极电势之间的函数关系,建立浮动电势的解析模型(其中主要参数为漏极面积、氧化层厚度),为下一步进行浮动电势介电泳条件下的电场及介电泳力分析奠定基础。

（2）浮动电势介电泳条件下的电场分析及介电泳力模型的建立

根据实验时具体的介电/电导参数等求得介电泳力与电场幅值/频率的具体函数关系,在装配实验中对电场幅值/频率等关键参量进行调节与控制,使得 SWCNT 在可控正介电泳力驱动下沿着电场梯度方向向电极间隙处运动,最终实现在电极间隙处、沿电场方向的可控装配。

（3）浮动电势介电泳实验平台的研制

由于浮动电势介电泳的特殊性,这里需要研制电压幅值/频率等参数大范围可控调节的专用浮动电势介电泳驱动信号电路,并借助可调节微电极阵列芯片三维位置的精密微动平台以及高分辨显微视觉辅助系统,构建成一套可进行 SWCNT 等微粒装配的浮动电势介电泳实验系统。其中,驱动信号电路将进行自行研制与开发,根据浮动电势介电泳驱动的实际需求实现信号幅值、频率等参数的可控调节。

(4)微电极阵列设计加工与单壁碳纳米管的大规模装配实验研究

根据浮动电势介电泳施加电场的特点,进行 SWCNT 的大规模装配实验实现 SWCNT 的大规模装配。当然,在进行 SWCNT 的大规模装配前,需要对微观下呈乱麻状的 SWCNT 粉末原料进行分散和纯化,获得分散在溶液中纯的大量 SWCNT 样本。

1.6　机器人化纳米操作系统的结构、主要问题与关键技术

1.6.1　机器人化纳米操作系统的结构

与常规宏观尺度的机器人化操作系统类似,机器人化纳米操作系统也包含驱动装置、传感装置和控制系统等。另外,由于纳米操作作业环境是微/纳米环境,传感器获得的微/纳米环境信息(力/位移/视觉)需要经过放大并传递到宏观世界,再由操作者感知;同样,要得到纳观位移或作用力,宏观世界输出的信息(力/位移)也要经过一个比例缩小环节来传递到微/纳米世界中,这部分工作由人机(宏-微)交互装置与接口来完成。具体而言,机器人化纳米操作系统包括以下几部分:

(1)驱动装置:由于纳米操作与装配的纳米级高精度要求,常规机电驱动系统所用电机等驱动方式无法满足要求,此处采用具有纳米级分辨率的压电陶瓷驱动器。

（2）传感装置：为监视及控制纳米环境中的被操作对象与操作过程，需要借助特殊传感装置及特殊的视觉获取方法，来获得纳米操作过程中的纳米力/触觉、视觉反馈信息，将微观信息反馈给操作者。

（3）控制系统：对于压电陶瓷驱动器，需要采用特殊控制方式实现其高精度定位控制；对于纳米环境中的被操作对象，需要在动力学及运动学分析的基础上进行其受力与运动控制。

（4）人机（宏-微）交互装置与接口：为方便操作者对纳米环境中的被操作对象进行操作与控制，需要将微/纳米世界的力/触觉信息及视觉信息通过人机交互装置与接口提供给操作者（宏观世界），并将操作者（宏观世界）的运动命令通过此界面与装置传递到微/纳米世界。

1.6.2 机器人化纳米操作系统研究的主要问题与关键技术

由于纳米操作的特殊性，同常规机器人不同，机器人化纳米操作系统具有自身鲜明的特点，在研究时需要解决的主要问题与关键技术有：

（1）纳米尺度上的动力学与运动学模型

在纳米尺度上，常规环境下的惯性力如重力等可以忽略，代之以各种纳观作用力（如范德瓦耳斯力、毛细力、静电力、接触斥力及纳米摩擦力等），需要进行 AFM 探针、微粒等所受纳观力的理论分析，探索各种纳观力的作用规律；并建立相应的动力学与运动学模型，来分析被操作对象的运动学与动力学行为。

（2）非常规驱动及定位

由于纳米操作系统利用压电陶瓷驱动器进行驱动，压电陶瓷驱动器虽然具有分辨率高、响应快等优点，但由于它自身性质决定的迟滞与非线性特性，如何实现其高精度驱动与定位控制就成为了进行纳米操作研究必须解决的一大难题。同时，由于驱动器特殊的管式结构及弯曲运动特点，如何定量分析和补偿纳米操作时产生的运动学耦合误差,也是需要解决的问题之一。另外,在纳米操作过程中,还需要对探针受力而产生的悬臂变形进行分析,以对其引起的探针针尖偏移误差进行补偿。

（3）实时纳米力/触觉反馈与控制

与常规环境中力/触觉信息获取方法不同,针对纳米环境,如何获得微/纳牛顿（甚至更小）的力/触觉反馈信息也是需要解决的难题之一。针对 AFM 探针既作为执行器,同时也可作为力传感器的特点,需要研究如何利用可实时检测到的 PSD 信号来实现 AFM 探针所受纳米力的传感,以及如何利用力/触觉设备实现操作者对纳米操作过程的力/触觉感知及反馈控制。

（4）实时纳米视觉反馈与控制

由于常规光学显微技术受光波长的限制无法达到纳米级的分辨率,而 AFM 操作与成像由于利用同一微探针,操作时不能同时进行扫描成像,因而如何获取操作过程中纳米微粒运动及纳米环境变化的实时视觉反馈（并据此实施相应的控制）,也成为需要解决的关键难题之一。本书将研究如何利用增强现实（Augmented Reality,AR）技术,通过对探针作用下纳米微粒的运动及纳米环境的局部变化进行建模,并结合探针的实际受力及位置信息获得微粒在实际操作过程中的运动情况（或环境的变化情况）,以此对视觉界面上纳米环境中相应区域进行实时更新,从而提供给操作者经"增强"后的纳米操作场景。其中,需要研究如何建立微粒的动力学及运动学模型（或纳米刻画时的刻痕尺寸函数）,以获得操作过程中微粒的位置与姿态变化（或纳米刻画时刻痕尺寸及位置的变化）。

（5）新型纳米操作、装配方法与技术

传统的加工工艺偏重于"自顶向下"（Top-Down）加工方法,依靠去除材料的方法实现器件的最终成型,而纳米操作技术可以采用"自底向上"（Bottom-Up）方式,用原子、分子或纳米微粒构建所需要的器件。在研制成功机器人化纳米操作系统的基础上,可以采用"自底向上"方式实现对纳米微粒的操作与装配,这样,如何结合"自顶向下"的加工方法及其他微/纳操作方法,来实现纳米微粒与微电极的精确装配(及电连接),从而探索装配研制纳米(电子)器件的方法与技术,都是非常有研究价值的应用方向。

第 2 章　纳米材料预处理方法研究

为实现碳纳米管基纳米器件的规模化装配制造,需要对碳纳米管材料进行有效的预处理,形成规格、品质、尺度一致的纳米材料,以适应规模化制造的工艺需求。本章重点介绍了单壁碳纳米管(SWC-NT)的预处理技术研究。首先介绍了单壁碳纳米管结构和性质;针对单壁碳纳米管分散工艺,主要研究了阴离子表面活性剂对 SWCNT 的超声分散处理的作用和实验方法;同时,根据密度特性,开展了基于离心作用的 SWCNT 纯化方法分析和实验研究。在此基础上,形成了一套单壁碳纳米管纯化分散制备的方法体系。

2.1　单壁碳纳米管结构和性质

日本科学家 Iijima 在 1991 年发现了碳纳米管(Carbon Nanotube,CNT),由于 CNT 本身的几何与电子结构获得了科学界的极大兴趣,而 Iijima 在 1993 年发现了 SWCNT,SWCNT 又因其具有独特的物理结构和电子特性而受到越来越多的关注,尤其是在场效应晶体管、光电近红外光谱发射器、传感器、聚合物基复合材料等纳米电子器件及新型功能材料方面具有广阔的应用发展空间。

2.1.1　单壁碳纳米管结构

SWCNT 是单层石墨卷曲而成的空心圆柱体,如图 2-1 和图 2-2 所示。石墨是一种层状六角结构,每一层在二维平面内铺开,但其边缘是不稳定的,像是一张薄纸,其边缘会翘起,从而形成一种更稳定的卷筒结构,即 SWCNT。SWCNT 直径约为 0.5~4 nm,长度可达厘米级,甚至更长。单壁碳纳米管的成键主要是 sp^2,单壁碳纳米管圆桶状弯曲量子限域和 $\sigma\pi$ 再杂化,其中三个 σ 键稍微偏离平面,而离域的 π 轨道则更加偏向管的外侧,这使得单壁碳纳米管比石墨具有更高的机械强度、更良好的导电性及更为优良的化学特性。

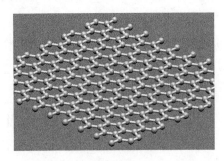

图 2-1　单层石墨片

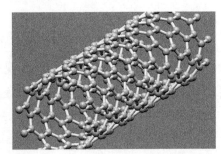

图 2-2　单壁碳纳米管

SWCNT 平面展开后如图 2-3 所示。图中 a_1、a_2 为基底矢量,T 为沿平行于 SWCNT 的轴线方向的矢量,C_h 垂直于矢量 T,形成 SWCNT 时,矢量 C_h 的两端相重合,矢量 C_h 的模即为 SWCNT 的周长。这里的矢量 C_h 称为手性矢量,C_h 表达为:

$$C_h = ma_1 + na_2 \tag{2-1}$$

式中,$m,n=0,1,2\cdots$;θ 是 C_h 与 a_1 和 a_2 夹角中较小的角,称 θ 为手性角。m、n 的取值不同,对应的 SWCNT 的结构也不同,物理性质也不相同。根据 m、n 的不同取值将 SWCNT 分为如下三类:(n,n) 锯齿形,$(n,0)$ 扶手椅形以及手性或螺旋形碳纳米管 (n,m),如图 2-4 所示。

2.1.2　电学性质

SWCNT 的四个价电子中有三个形成共价键,每个碳给出一个电子形成金属键性质的离域键,电子有效的运动只能在沿着 SWCNT

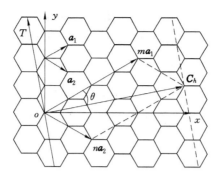

图 2-3　单壁碳纳米管平面示意图

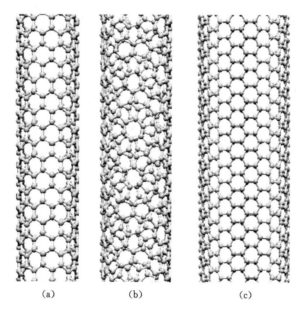

　　(a)　　　　　　　　(b)　　　　　　　　(c)

图 2-4　三种单壁碳纳米管

(a) 扶手椅形；(b) 螺旋状；(c) 锯齿形

的轴向方向，沿径向的运动将受到很大限制，因此，SWCNT 沿轴向具有良好的导电性。SWCNT 的载流能力可达到 10^9 A/cm³，约为钢的 1 000 倍。不同类型的 SWCNT 其导电性能也不相同。SWCNT 根据其导电性不同，分为金属性和半导体性 SWCNT，三分之一的 SWCNT 具有金属性质，而三分之二的 SWCNT 具有半导体性质。

金属性的 SWCNT 作为一维量子输运材料,在低温下能表现出库仑阻塞效应,即电子只能一个一个地进入,能够强力地阻止"插队"的电子,这个现象可用来制造单电子晶体管。半导体性的 SWCNT 可以组装成 SWCNT FET,如图 2-5 所示,SWCNT FET 能在室温下操作,其开关速度性能完全可与现有优良的半导体装置相比。晶体管是逻辑门中的基本元件,也是用于现代微机中的基础电子器件。

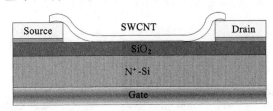

图 2-5　单壁碳纳米管场效应管的基本结构

SWCNT 的电性能对外部环境非常敏感。当 SWCNT 暴露在空气或氧气中时,SWCNT 表面将会吸附气体分子,这将很大地影响 SWCNT 的电阻、热电势和能态密度等性质。SWCNT FET 中的 SWCNT 在干燥空气中的电阻的变化可达 10% 到 15%,这不仅说明 SWCNT 可以用作气体传感器的材料,也表明原来在空气中测量到的 SWCNT 性能很可能与氧气有关。所以 SWCNT 可以作为气体传感器的理想气敏材料。

2.1.3　力学性质

SWCNT 具有很高的强度,杨氏模量与金刚石相当,强度可达到 1.0 TPa 以上。SWCNT 的强度大约为钢的 100 倍,而密度只有钢的六分之一,并具有很好的柔韧性,能够在较大的应力作用下不发生脆性断裂,因此被称为超级纤维。可用于高级复合材料的增强体或者形成轻质、高强的绳索,在纳米复合材料、表面耐磨涂层及纳米探针方面,单壁碳纳米管有着得天独厚的优势。有人用分子动力学方法模拟了碳纳米管在高拉伸应变速率下的断裂过程,并认为它可以承受很大的拉伸应变,如图 2-6 所示,也可能用于宇宙飞船及其他高技术领域。

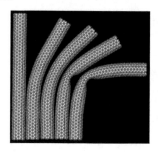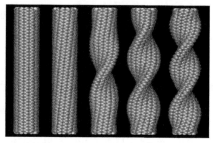

图 2-6　单壁碳纳米管的力学性能

2.1.4　化学性质

SWCNT 也具有良好的化学特性。利用 SWCNT 可以改进 AFM 的性能,如哈佛大学的 John Hafner 将一根直径 0.9～2.8 nm 的 SWCNT 置于 AFM 探针的末端,SWCNT 作为微探针,不但提高了分辨率,而且可应用于样本与针尖的附着力性质研究,Hafner 将此种进展称为化学力显微镜技术。由于 SWCNT 具有大表面积比及 σ-π 再杂化,SWCNT 在化学领域的应用颇具吸引力。纳米界对 SWC-NT 感兴趣的化学特性的包括 SWCNT 的开口、浸润、填充、吸附、电荷掺杂等。SWCNT 的应用领域包括化学分离、纯化、传感与检测、储能及电子学等。

2.1.5　光学与光电子性质

SWCNT 具有直接带隙和确定的能带和子带结构,是光学和光电子应用的理想材料。利用拉曼光谱、荧光及紫外可见光等光谱手段,可以确定 SWCNT 的光谱。SWCNT 根据管径和对称性不同,其非线性光学性质也不同,且吸收系数差异也很大,是一种很好的光学限制器。Connell 研究小组发现 SWCNT 在特定条件下,在近红外波段可以吸收光子并发出荧光。他们认为这是由于 SWCNT 在吸收一定的能量后,引起电子在不同能级之间跃迁而发射出光子。不同结构和表面状态的碳纳米管可以表现出不同的光学性能。

2.1.6 热学性质

SWCNT 具有优良的导热性能。SWCNT 有优异的轴向导热性能,声子可以顺利地沿管子传输,是理想的导热材料。SWCNT 具有较低的热膨胀系数和很高的轴向热导率,理论计算表明,其轴向热导率大约在 $6\,000\text{W} \cdot (\text{m} \cdot \text{K})^{-1}$。SWCNT 依靠超声波传递热能,其传递速度可达 10^4 m/s。并且 SWCNT 只能在一维方向传递热能,即使将 SWCNT 捆在一起,热量也不会从一根 SWCNT 传到另一根 SWCNT。因此,SWCNT 可能用作今后计算机芯片的导热板材料,也可能用作发动机、火箭等高温部件的防护材料。此外,SWCNT 还具有很好的吸附特性,如高效储存氢气。这些特异性能预示着 SWCNT 在众多领域具有广阔的应用前景[115]。

2.1.7 其他性质

SWCNT 的磁性和电磁性质如磁性能的各向异性和大的抗磁磁化率,也是纳米界感兴趣的方面之一。常温下 SWCNT 的轴向磁化系数为 10.7×10^6 cm³/g,为径向的 1.1 倍,是 C_{60} 的 30 倍。金属性的 SWCNT 对磁性杂质非常敏感。在平行于碳纳米管的轴向加一磁场时,具有金属导电性的 SWCNT 表现出 AB（Aharonov-Bohm）效应。磁场的变化可使 SWCNT 的电子结构发生改变,出现金属性 SWCNT 的"金属性—半导体性—金属性"周期性震荡。SWCNT 将很可能取代薄金属圆筒,并在电子器件小型化和高速化的进程中发挥重要的作用。

SWCNT 在场发射性能方面也有一定的优势,SWCNT 具有极低的阈值电场和高的电流密度,具有更尖锐的尖端,很大的长径比,化学性能稳定,力学性能高且其中碳原子不会移动等一系列优点,因此可比其他材料在更低的电场作用下发射电子。更可喜的是强结合碳键使纳米管具有更长的工作寿命,使之非常适合作场发射材料。SWCNT 显示出来的独特结构和性质,使 SWCNT 作为纳米器件材料的前景越来越广阔。SWCNT 在复合材料、导电材料、催化材料、储能材料和纳米电子元器件中具有重要的潜在应用价值。表 2-1 为 SWCNT 与其他优质材料一些特性比较。

表 2-1　　　　　　　　　单壁碳纳米管与其他优质材料特性比较

特性	单壁碳纳米管	比　较
外特性	直径 $0.4 \sim 2.5$ nm	电子刻蚀可以产生 50 nm 宽,几纳米厚的纳米线
尺寸	$1.33 \sim 1.40$ g·cm^{-3}	铝的密度 2.9 g·cm^{-3}
抗拉强度	45 GPa	高强度合金钢 2 GPa
抗弯强度	可大角度弯曲不变形,回复原形	金属和碳纤维在晶界处断裂
载流容量	估计 1 GA DG 18.327 mm·cm^{-2}	铜线载 1 000 kA DG 18.327 mm·cm^{-3} 时即烧毁
场发射	电极间隔 1 μm 时,在 $1 \sim 3$ V 可以激发	铝尖端发光需要 $50 \sim 100$ V·μm^{-2},且发光时间有限
热导	室温热导率有望达到 6 000 W·(m·K)$^{-1}$	金刚石 6 000 W·(m·K)$^{-1}$
高温稳定性	真空稳定至 2 800 ℃,空气 750 ℃	微芯片的金属导线在 600~1 000 ℃ 熔化

2.1.8　碳纳米管的制备

为了获得产量较高、结构缺陷少、管径均匀、杂质含量低、成本相对低廉、操作方便的碳纳米管制备方法,纳米材料界进行了多方面研究和探索并发现了一些制备方法,但经过大量的实验比较,目前主要有三种制备方法,即电弧法、激光烧蚀法和化学气相沉积法(chemical vapor deposition,CVD)。

电弧法是最早、最典型的碳纳米管合成方法,是 Iijima 在 1991 年生产富勒烯的阴极沉积物中而发现多壁碳纳米管的方法。该法具有简单快速等特点,而且制得的 CNT 管直,结构完整,性能好,具有高度石墨化,接近或达到理论预期的性能。但该技术制备 CNT 的产率低,有时还需要在阴极中掺入催化剂或者配以激光蒸发。

激光烧蚀法是目前为止制备高纯度高质量的单壁碳纳米管最为有效的方法。由于激光辐照处的温度很高,因此激光蒸发法制备出的 SWCNT 晶度和纯度都较高,可通过改变反应温度来控制管的直径。该方法尽管可以制备出高纯度的 SWCNT,但其设备复杂、能耗大、成本高、产量也受到限制,也不适合大规模制备。

化学气相沉积法(Chemical vapor deposition,CVD)或称催化裂解法,因其设备简单,最可能实现工业化生产,而成为目前研究最广泛的 CNT 合成方法。相对于前两种方法,CVD 方法则由于其设备简单、反应温度低、操作方便、反应过程易控以及能大量制备而成为目前最常用的方法。而且,采用 CVD 法可以制备 CNT 阵列,这也是CVD 法的一大优势。但是,CVD 法所制备出的 CNT 含有较多的杂质,预处理很重要。本书采用的所有 SWCNTs 材料都是通过 CVD 法而获得的。

2.1.9 单壁碳纳米管的表征

SWCNT 的直径一般只有 $0.5\sim4.0$ nm,人的肉眼无法直接观察到 SWCNT 的结构,所以对 SWCNT 的表征是研究 SWCNT 基纳米电子器件的前提。同时,对 SWCNT 的操控也是需要借助仪器来完成。显微镜是目前表征和操控纳米材料应用最广泛的仪器。目前,SWCNT 形貌表征手段主要有 AFM、SEM、透射电子显微镜(Transmission electron microscopy,TEM)、扫描隧道显微镜(scanning tunneling microscope,STM);此外,拉曼光谱(Raman spectroscopy)、X 射线衍射分析(X-ray diffraction,XRD)、傅立叶变换红外(Fourier transform infrared spectroscopy，FT-IR)、紫外-可见-近红外(Ultra-violet-visible spectroscopy,UV-Vis-NIR)和荧光光谱(X-ray fluores-cence,XRF)等也逐渐成为 SWCNT 表征的常见方法。

AFM 能同时获得 SWCNT 的直径和长度,能对 SWCNT 进行推、切、压等操作,并且还能通过这些操作获得相应的信息,所以,AFM 不仅能成像,而且也能对 SWCNT 操控,尽管没 TEM 分辨率那么高,但对 SWCNT 走向应用是非常有用的。

AFM 的工作原理如图 2-7 所示,是由一个极其尖锐的探针集成在一个柔软的悬臂梁上,一束激光照射到悬臂梁上,再反射到光学位置敏感装置(Position Sensitive Detector，PSD),通过检测反射光位置的变化得到悬臂梁的变形信息。当探针在样品表面扫描时,探针针尖的原子与样品表面的原子产生相互作用,使得悬臂梁随着样品表面的形貌发生上下起伏侧身的扭转运动,悬臂梁的这些运动使照射到 PSD 的激光光斑位置发生偏移,进而使 PSD 的输出电信号强度发生变化。通过这个变化量就可检测出被测样品表面形貌起伏变化,从而得到样品表面的微形貌。

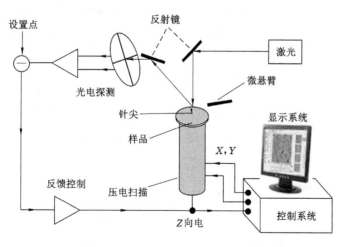

图 2-7 原子力显微镜工作原理示意图

AFM 在扫描物体时,一般可选择三种成像模式,主要包括轻敲模式、接触及非接触模式,如图 2-8 所示。

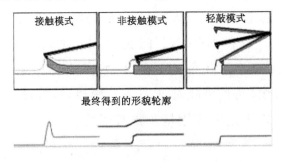

图 2-8　AFM 三种成像模式

在轻敲模式时,微悬臂在其共振频率附近作受迫振动,振荡的针尖轻轻地敲击样品表面,通过调节压电陶瓷驱动器的 Z 向位移,保持悬臂振动信号的均方根值为恒定,记录加在驱动器上的电压信号来进行成像。由于作用力是垂直的,表面材料受横向摩擦力、压缩力和剪切力的影响较小。工作范围较大而且线性的工作范围,使得垂直反馈系统高度稳定,可重复进行样品测量,对样品几乎没有损坏。能在大气和液体环境下都可以进行扫描,检测输出信号为振幅和相移。

在接触模式时,针尖始终与样品保持轻微接触,以恒高或恒力的模式进行扫描。扫描过程中,针尖在样品表面滑动。接触模式可以产生稳定的、高分辨率的图像,但有可能造成样品的损伤。样品和针尖之间的作用力变化可能会发生成像扭曲或得到伪像,表面的毛细作用也会降低分辨率。所以接触模式一般不适用于研究生物大分子、低弹性模量样品以及容易移动和变形的样品。

在非接触模式时,针尖在样品表面上方振动,始终不与样品接触,探针监测器检测的是范德瓦耳斯力和静电力等对成像样品的无破坏的长程作用力。可增加显微镜的灵敏度。但当针尖与样品之间的距离较长时,分辨率要比接触模式和轻敲模式都低,成像不稳定,操作相对困难,通常不适用于在液体中成像,在生物中的应用也比较少。

根据本书研究的特点和实验情况,本书所采用的 AFM 成像模式均采用轻敲模式。

2.2　单壁碳纳米管束的分散方法研究

CNT 材料制备后通常含有多种成分,上述很多特性实际上是单质材料才具有的特性。因而在使用前需要进行预处理。

单壁碳纳米管为一维纳米材料,由于范德瓦耳斯力的吸引,彼此之间相互编织缠绕而易团聚,从而降低体系的总表面能。团聚形态无法表现出 SWCNT 所的优异的力学、光学、电学和热学性能,无法应用于实践。因而,得到高纯度的、分离状态的 SWCNT 样品是必须解决的问题。

目前较有效的 CNTs 分离处理手段是采用 CNTs 水溶液超声震荡方法。即将 CNTs 材料按一定比例溶于纯净水中,在超声震荡中使团聚形态离散,达到分散处理效果。

由于 SWCNT 缺少活性基因,难溶于有机溶剂及水,在水中超声分散的效果很差,但是获得 SWCNT 好的超声分散效果,是 SWCNT 应用的前提条件。

目前已有的 SWCNT 超声分散的方法之一是采用阴离子表面活性剂处理。阴离子表面活性剂具有良好的吸附性和化学反应活性,可通过降低 SWCNT 的表面张力来调节 SWCNT 表面活性。阴离子表面活性剂具有独特的双亲结构,其结构分为亲水基(Hydrophilic groups,HDG)和亲油基(Lipophilic groups,LOG)两部分,有良好的吸附性和化学反应活性,可通过降低 SWCNT 的表面张力来控制 SWCNT 表面活性,其原理如图 2-9 所示。表面活性剂吸附在 SWC-NT 表面上,形成了包裹 SWCNT 的胶体,胶体与胶体之间由于静电斥力的作用较难聚集到一起,防止 SWCNT 的再团聚,使离散 SWC-NT 能稳定存在。阴离子表面活性剂的吸附效率主要受亲油基性质影响,亲油性越强,吸附效率越高。

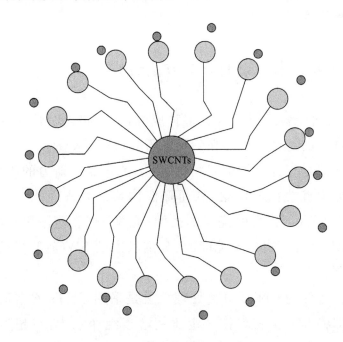

图 2-9　SDS 包裹 SWCNTs 的结构图

阴离子表面活性剂在不同溶液中所表现出的活性,可由其亲水亲油平衡值(Hydrophile-lipophile balance,HLB)来表示,HLB 的定义式为:

$$HLB(值) = 7 + \sum(亲水基基团数) - \sum(亲油基基团数)$$

$$(2-2)$$

HLB 值越大,阴离子表面活性剂的亲水性越强,表面活性剂的亲水性是随着 HLB 值的增大而提高的。常用的阴离子表面表面活性剂 HLB 值如十二烷基硫酸钠 SDS 为 40(其结构如图 2-10 所示),十二烷基苯磺酸钠(Sodium Dodecylbenzene Sulfonate,SDBS)为 11.7,胆酸钠(Sodium Cholate,SC)为 18。

另外,当阴离子表面活性剂达到一定浓度时,表面活性剂分子会从单个离子或者分子缔合成为胶态聚合物,形成胶团,溶液性质会发

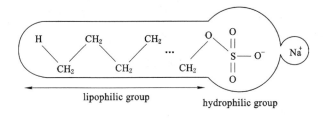

图 2-10　十二烷基硫酸钠结构图

生突变,会形成单分子膜,使其吸附能力大大降低。

　　分散 SWCNTs 的溶液不仅需要 SDS 这样的阴离子表面活性剂,而且需超声振荡环境来实现。超声波振荡时间需要控制在合适的范围内,过长时间(超过 5 h)的振荡会破坏 SWCNTs 稳定性分散,使分散效果适得其反,通常依据实验经验确定。超声波振荡器使附着在SWCNTs 外壁上的空化气泡在崩溃的瞬间,迅速释放声场能量,产生局部范围内的高压冲击波和高速射流,使 SWCNTs 管束造成局部力学破坏,并且,产生的局部瞬间高温会促进活性基团的产生,造成一定程度上的化学破坏;同时,在稳定振动的空化气泡周围会产生微流效应,当微流的流速足够高时产生的剪切应力也是超声波振荡器能够分散 SWCNTs 的原因。

2.2.1　表面活性剂漂洗实验研究

　　十二烷基硫酸钠(SDS)是一种较短链长的阴离子表面活性剂,可通过吸附在溶液表面形成扩散层,防止 SWCNTs 本身再发生团聚,对 SWCNT 具有良好的分散性能。但 SDS 的大分子也会给 SWC-NTs 扫描成像带来影响,需要进行漂洗后处理,解决 SDS 表面活性剂辅助分散 SWCNTs 后的 AFM 扫描样品有效制备问题。

　　将称量好的 10 mg SDS 固体粉末加到装有 9.99 mL 去离子水的试管中,制成 1%SDS 浓度溶液,在超声波振荡器中超声 10 min 至完全溶解,用微泵取 2 μL 试剂滴到云母片上,然后迅速用毛细管把试剂

铺匀到基片上，立刻用 N₂ 吹干，用 AFM 进行扫描观察。再取出 5
mL 的 1％SDS 溶液用去离子水稀释 10 倍制成 0.1％的 SDS 溶液，同
理，制得 0.01％和 0.001％浓度 SDS 溶液，并分别进行 AFM 扫描，在
成像时，采用 tapping 模式，选用美国 Veeco 公司 MPP-11100 硅悬臂
梁探针，针尖曲率半径小于 10 nm，观察并对比，实验过程如图 2-11
所示。

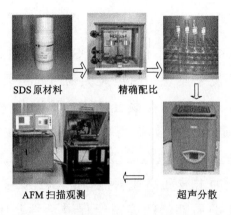

图 2-11　十二烷基硫酸钠不同溶液浓度下实验过程

　　图 2-12 为 SDS 在 1％、0.1％、0.01％及 0.001％四种浓度下的
AFM 表征观测图(扫描范围为 10 μm×10 μm)，从图 2-12(a)中可看
出，SDS 表面活性剂分子形成胶团状，使水和空气的接触减少，溶液
的表面张力较低。图 2-12(b)中 SDS 分子有部分聚集在一起，这些
SDS 表面活性剂的亲油基互相靠在一起，形成小胶团，溶液的表面张
力有所增加。图 2-12(c)中 SDS 胶团与图(a)、(b)相比显然降低许
多，而其溶液的表面张力更大，降低 SWCNT 的表面能也会随之下
降。图 2-12(d)中的 SDS 表面活性剂浓度很低，空气和水几乎是直接
接触，水中只有不多的表面活性剂分子，SDS 已没有胶团状态，胶体
与胶体之间静电斥力变小，吸附能力也随之大幅降低。

　　从以上分析及实验得出，本书所采用的 SDS 浓度为 0.1％。由于
SDS 胶团过多及 SDS 分子本身长度和直径都远大于 SWCNT，SDS

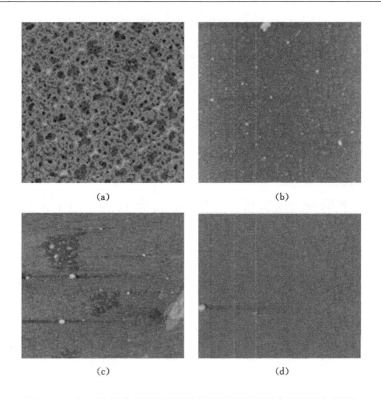

图 2-12　十二烷基硫酸钠不同溶液浓度下的原子力显微镜扫描图

表面活性剂对 SWCNT 形成了饱和吸附,并把大量的 SWCNT 包裹其中而无法使更多的 SWCNT 通过 AFM 表征出来。正是由于 SDS 表面活性剂大分子对 SWCNT 扫描成像的影响,所以本书提出采用漂洗的方法来对 SWCNT 溶液进行后处理。

2.2.2　单壁碳纳米管分散实验研究

（1）实验用品和设备

本书采用的 SWCNT 原料样品是由中国科学院金属研究所通过 CVD 方法制备的。SWCNT 原料直径 $0.5 \sim 2.5$ nm,长度为 $1 \sim 10$ μm,纯度为 90%,比表面积约 380 m^2/g;

超声波振荡器:上海科导超声仪器有限公司,型号:

SK5210LHC,频率为 59 kHz,功率为 300 W;

原子力显微镜（AFM）：美国 Veeco 公司生产，型号：Dimension 3100；

纯水机：美国密理博 Direct-Q5 水纯化系统。

采用十二烷基硫酸钠（Sodium Dodecyl Sulfate,SDS）阴离子表面活性剂作为辅助分散剂。

（2）实验步骤

① 将精确配比（所配试剂质量百分比为 0.01% SWCNTs,0.1%SDS）的 SWCNTs 溶液放入试管中超声 4 h 后,取 2 mL 溶液用 AFM 扫描观测;

② 在超声过程中调节试管在超声波发生器中的位置与倾斜角度（与水面成 30°）,使得试管中 SWCNTs 溶液处于"沸腾"状态以充分均匀混合处理,同时对试管加热到 50 ℃左右以辅助改善分散效果,取 2 mL 溶液用 AFM 扫描观测。实验流程如图 2-13 所示。

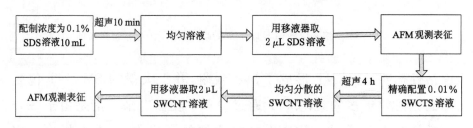

图 2-13　单壁碳纳米管在十二烷基硫酸钠溶液中分散实验流程图

③ 用移液器取 2 mL SWCNTs 溶液滴到云母基片上,迅速用毛细管把溶液铺匀到基片上,放置 1 min 后用 N_2 吹干,获得样品 A;同理,再取 2 mL SWCNTs 溶液摘到云母基片上,铺匀放置 1 min 后分别用 0.5 mL 去离子水以 0.1 mL/s 速率对样品进行漂洗,获得样品 B。后处理过程如图 2-14 所示。

④ 按照上面的分散方法处理 SWCNTs 后,得到分散好的试剂为略带黑色的均匀透明体,肉眼观察试剂中无颗粒状悬浮物,取试管中

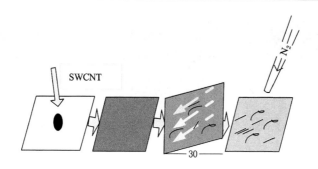

图 2-14　单壁碳纳米管后处理原理图

SWCNTs 试样进行 AFM 表征,如图 2-15 所示(扫描范围为 10 μm×
10 μm)。从图 2-15(a)中可以看到只依靠超声振荡来分散,没加入
SDS 表面活性剂的 SWCNTs 出现了比较严重的团聚现象。图 2-15
(b)为没经过漂洗的 SWCNTs 溶液,虽然有一些 SWCNTs 以单根状
态而没互相缠绕,但杂质比较多,将影响到 SWCNTS 的应用,分散状
态不太理想,与图 2-12(b)对比,由于 SDS 胶团较多及 SDS 分子本身
长度和直径都远大于 SWCNTs,SDS 表面活性剂对 SWCNTs 形成了
饱和吸附,并把大量的 SWCNTs 包裹其中而无法使更多的 SWCNTs
通过 AFM 表征出来。正是由于 SDS 表面活性剂大分子对 SWCNTs
扫描成像的影响,所以可以采用漂洗的方法来对 SWCNTs 溶液进行
后处理。图 2-15(c)为去离子水以 0.1 mL/s 速率冲洗 SWCNTs 溶
液 5 s 后获得的 AFM 扫描图,与图 2-15(b)相比,部分吸附在 SWC-
NTs 的 SDS 分子会随着水流冲走,吸附量有所下降,但单根 SWC-
NTs 相对较多,说明 SDS 对降低 SWCNTs 表面能,增大其相互排斥
力仍然有较好效果,而且 SDS 表面活性剂大分子对其的扫描成像影
响也较小。

　　本书所提出的基于漂洗技术的扫描样品预处理方法,能有效解
决 SDS 阴离子表面活性剂辅助分散 SWCNTs 后的 AFM 扫描样品
制备问题。在未经过离心纯化前,研究 SDS 表面活性剂大分子对
SWCNTs 扫描成像的影响,对 SWCNTs 预处理是比较有意义的一

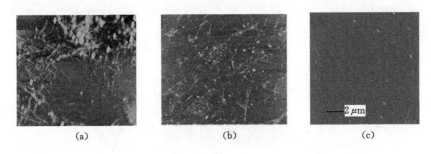

(a)　　　　　　　　　　(b)　　　　　　　　　　(c)

图 2-15　单壁碳纳米管溶液漂洗前后的原子力显微镜观测表征图
(a) 未预处理；(b) 未漂洗；(c) 漂洗后

环,制备后的 SWCNTs 溶液除了 SWCNTs 由于自身生长带来的碳纳米颗粒、无定形碳、石墨碳碎片等杂质外,SDS 阴离子表面活性剂也会对获得纯净的 SWCNTs 成像带来障碍。通过 AFM 扫描观测所获得的 SDS 表征图、漂洗前后的 SWCNTs 表征图,可以清楚地获取 SDS 分子对 SWCNTs 扫描成像及应用的影响程度。另外,还对影响 SWCNTs 成像的各因素进行了适当考虑,这将对如何获取理想的 SWCNTs 分散结果提供重要依据。

2.3　单壁碳纳米管密度离心纯化方法研究

利用漂洗的方法虽然能去掉一些阴离子表面活性剂对 SWCNT 的影响,但 SWCNT 在制备过程中产生的杂质,如碳纳米颗粒、无定形碳、石墨碳碎片等会残留在制剂中,依然影响 SWCNT 的纯度和应用,如图 2-15(c)所示。因此在 SWCNT 分散处理后,还要进行纯化处理,SWCNT 的纯化处理是 SWCNT 应用研究中的一个重要课题之一。

目前高速离心方法是一个常用的 SWCNT 纯化方法。其原理是利用不同材料的浮力、密度及沉降速度差别,在离心力作用下实现分离。如 SWCNT 比无定形碳、石墨碳碎片密度高,而比碳纳米颗粒低,可通过调节离心力的大小与作用时间,实现 SWCNT 的有效纯化,其原理如图 2-16 所示。

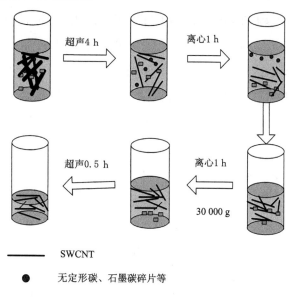

　　SWCNT

● 　无定形碳、石墨碳碎片等

■ 　碳纳米颗粒等

图 2-16　梯度离心纯化 SWCNT 原理图

　　实验研究:由中国科学院金属研究所通过 CVD 方法制备的 SWCNT,根据梯度离心的方法,首先以 3 000 g 的离心加速度(离心机为 Sigma 公司的 3~30 K),离心处理为 1 h,取出 30% 上层溶液(无定形碳、石墨碳碎片等),再把剩下的 70% 下层溶液超声 0.5 h 后,以 30 000 g 的离心加速度,离心 1 h 后留取 50% 上层溶液,超声 0.5 h,即可得到较纯净的 SWCNTs 溶液。

2.4　单壁碳纳米管预处理实验研究

　　其中 SWCNT 原料样品在 Nova Nano SEM 430 扫描电子显微镜下表征结果如图 2-18 所示(扫描范围为 10 μm×10 μm)。

　　将精确配比(所配试剂质量百分比为 0.01% SWCNTs,0.1% SDS)的 SWCNTs 溶液放入试管中,在超声波振荡器中以频率 59 kHz

处理 2 h 后静止 1 h,然后再超声处理 2 h,静置 3 h 以上进行沉淀处理,获得分散良好的均匀半透明 SWCNTs 溶液,此时的 SWCNTs 溶液应为均匀透明,没有可见的悬浮物及沉淀物,采用 Dimension 3100 表征,如图 2-19 所示(扫描范围为 10 μm×10 μm),SWCNT 呈现单分散状态,但溶液中还是有一些杂质,所以应予以去除;然后对 SWCNTs 分散后溶液进行离心纯化处理。根据密度梯度离心的方法,首先以 3 000 g 的离心加速度,离心处理 1 h,取出 30% 上层溶液(无定形碳等),再把剩下的 70% 下层溶液超声 0.5 h 后,以 30 000 g 的离心加速度,离心 1 h 后留取 50% 上层溶液,超声 0.5 h,静置 1 h,即为较纯净的 SWCNTs 溶液,如图 2-20 所示(扫描范围为 10 μm×10 μm),与图 2-19 相比,杂质降少很多,SWCNT 以单分散形态存在,这为以后 SWCNT 纳米器件的大规模装配实验研究奠定了基础。

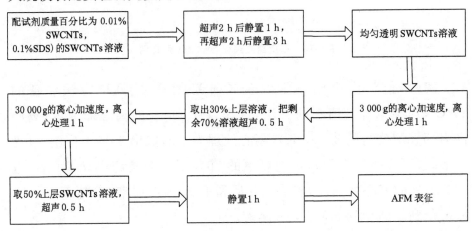

图 2-17　单壁碳纳米管溶液预处理实验流程图

本书采用的 SWCNTs 预处理方法具有比较好的可重复性,经过多次的实验验证表明,本方法可操作性强,分散效果比较理想,多数 SWCNTs 呈现单分散状态;根据密度梯度离心方法的纯化过程,可实现性强,提纯效果比较好。预处理实验过程易于控制,这为 SWCNTs 纳米器件的批量化装配实验研究提供了良好的前提。

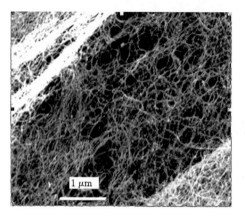

图 2-18　单壁碳纳米管原料样品扫描
电子显微镜扫描图

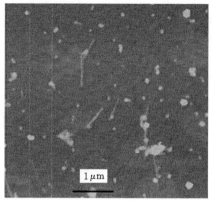

图 2-19　单壁碳纳米管溶液分散后的
原子力显微镜扫描图

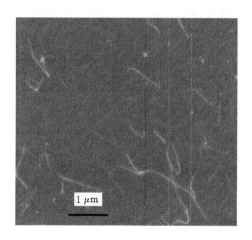

图 2-20　单壁碳纳米管溶液纯化后的原子力显微镜扫描图

第 3 章　基于介电泳原理的 SWCNT 装配方法研究

介电泳(Dielectrophoresis,DEP)具有可实现微纳米物体的自动化、批处理操控的技术特点,本章从研究 DEP 基本概念和原理出发,重点开展了应用介电泳操控原理的 CNTs 装配技术研究。

本章主要介绍了介电泳的基础理论、基于单壁碳纳米管的介电泳力模型,在此基础上,研究了浮动电势介电泳的基本原理、浮动电势及芯片设计条件下的电场分布,并对其进行详细分析,以提高单壁碳纳米管纳米器件的批量化装配的有效性和成功率。

3.1　介电泳电场的工作原理

3.1.1　介电泳的基础理论

介电泳是指可极化的电中性物体在非均匀电场中的运动现象。1958 年英国学者 Pohl 首先发现介电泳现象[122]。随后陆续开展的研究表明,在非均匀电场中,物体会受到介电泳力的作用,其方向、大小与物体的介电特性、尺度、外加电场有关。因而通过控制外加电场的幅度、频率等参数,可以实现对特定微纳尺度物体的有意义操作和运动控制。

介电泳的基本原理是利用微电极产生的非均匀电场使悬浮溶液中的粒子被极化进而在介电泳力的作用下产生运动。如图 3-1 所示,设在绝缘溶液中施加非均匀电场,溶液中的中性粒子将会被外加电场所极化,产生诱导偶极矩,在电场与诱导偶极矩产生交互作用之后,这些被极化粒子将会诱导出作用力,即所谓的介电泳力,使得粒子朝向电场强度较强或者较弱的区域移动。粒子移动的方向与粒子本身、周围介质和所施加的电场强度有关系,当粒子受到的极化程度大于周围介质时,粒子会朝电场强度极大值方向移动,形成正介电泳力;反之,当粒子受到极化的程度小于周围介质时,粒子会远离电场或朝电场强度极小值方向移动,形成负介电泳力。近年来的研究表明,不但电中性物体可产生介电泳现象,导体或半导体同样也会产生介电泳现象。

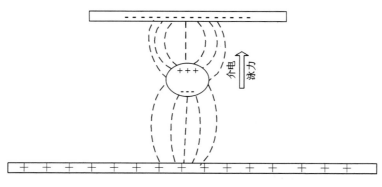

图 3-1　介电泳工作原理

3.1.2　基于单壁碳纳米管的介电泳力模型

SWCNTs 是一维纳米材料,在非均匀电场中,同样会产生介电泳现象。这对开展介电泳条件下的 SWCNTs 装配方法研究具有重要意义。

基于 SWCNT 的介电泳基本原理如图 3-2 所示。在一定频率的空间非均匀电场作用下,SWCNTs 会被极化而两端出现大小相等但符号相反的电荷,形成偶极子,由于两极所在位置的电场强度不同,造成粒子两端的受力不相等,形成 DEP 力,当 DEP 力为正时,SWC-

NTs 会沿着电场强度增大的方向迁移，从而达到在电场控制下的装配。

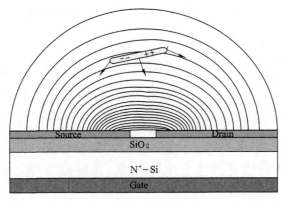

图 3-2　单壁碳纳米管在电场中受介电泳力驱动的原理图

SWCNTs 处于电场中时会被电场极化，此时诱导偶极矩可表示为

$$p(t) = 4\pi\varepsilon_m ab^2 KE(t) \tag{3-1}$$

式中，ε_m 是介质介电常数的绝对值；a 是 SWCNT 的长度的二分之一；b 是 SWCNT 的半径；K 为克劳修斯-莫索提因子（Clausius-Mossotti factor）可以表示为：

$$K = \frac{\varepsilon_p^* - \varepsilon_m^*}{3\left[\varepsilon_m^* + (\varepsilon_p^* - \varepsilon_m^*)L_p\right]} \tag{3-2}$$

式中，ε_m^* 与 ε_p^* 分别为介质和 SWCNT 的介电常数的绝对值。复介电常数 ε_p^* 与 ε_m^* 可以根据下面的式子计算：

$$\varepsilon_p^* = \varepsilon_p - i\frac{\sigma_p}{\omega}; \varepsilon_m^* = \varepsilon_m - i\frac{\sigma_m}{\omega} \tag{3-3}$$

并且，SWCNT 极化因子 L_p 可以根据公式 $(b^2/a^2)[\ln(2a/b)-1]$ 来估算。

若极化的 SWCNT 两极距离远小于外加非均匀电场两端电极间的距离，SWCNT 在电场中所受到的介电泳力可表示为：

$$F_{DEP} = \left[P(t) * \nabla\right]|E_{rms}| \tag{3-4}$$

把式(3-1)及式(3-2)代入到式(3-3)中,由于电场与外加交变信号的相位有关,SWCNT 是线性物体,通常可以用椭球模型来近似描述,所以 SWCNT 所受的平均 DEP 力可表示为:

$$F_{DEP} = \frac{\pi a b^2 \varepsilon_m Re(K) \nabla |E|^2}{12}$$ (3-5)

式中,$\nabla |E|^2$ 是电场强度均方根值平方的梯度。该梯度受电极几何形状及外加电压的影响;另外,外加交流电压的频率也会影响 SWCNT 受到的 DEP 力。

由上述分析,SWCNT 在电场中受到的介电泳力,由电场强度平方的梯度和复克劳修斯-莫索提极化因子 $Re(K)$ 决定。对于复克劳修斯-莫索提极化因子 $Re(K)$,复介电常数 ε_p^* 与 ε_m^* 可以根据下面的公式计算:

$$Re(K) = \begin{cases} \dfrac{\sigma_p - \sigma_m}{\sigma_m}, \omega \to 0 \\[2ex] \dfrac{\varepsilon_p - \varepsilon_m}{\varepsilon_m}, \omega \to \infty \end{cases}$$ (3-6)

式中,ε_p,ε_m 是实介电常数;σ_p,σ_m 是 SWCNT 和溶液的电导率。ω 是电场的角频率。

通过对介电泳力的建模,利用 COMSOL Multiphysics 多物理场耦合分析仿真软件,在外加电场峰峰值为 10 V 条件下,基于有限元法求解的电场强度分布如图 3-3 所示。图 3-3 表明,沿着电极方向电场强度逐渐增强,电极间隙区域的电场强度较强,而电极末端的场强最强,场强呈现以电极末端为中心,椭圆形方向降低的趋势,图 3-3(b)中箭头代表电场梯度 $\nabla |E|^2$ 分布。所以,在正向介电泳力的作用下,SWCNTs 将沿着电场梯度的方向被吸引到电极边缘,发生正电泳的现象。

3.1.3　浮动电势介电泳的基本原理

图 3-2 给出了 SWCNTs 基纳米器件的常规介电泳装配原理。其

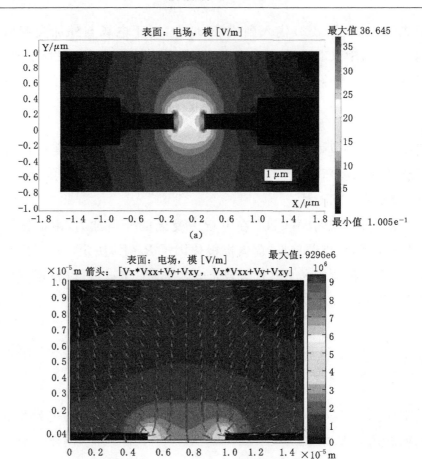

图 3-3　平面电极对电场强度的分布
(a) 俯视图；(b) 前视图

外加电场直接加在构成 FET 结构的源和漏电极上，但在大规模装配制造中，由于器件尺寸小，电极阵列密度高，因而众多的分离电极引线会因制造工艺限制而难以实现。为实现 SWCNTs FET 的大规模化装配制造及基于 SWCNTs 纳电子器件的大规模化制造提供实现方法与关键技术，本书研究采用基于浮动电势原理的 DEP 装配方法，通过研究微电极阵列产生浮动电势形成介电泳电场的基本原理，建立相应的 SWCNTs 在液体中定向排列与运动的驱动力模型，发展基于浮动电势介电泳的 SWCNTs 在微电极阵列上的规模化装配技术。

　　与常规介电泳装配技术不同,浮动电势介电泳有其明显的特点,其原理如图 3-4 所示。传统介电泳装配 SWCNTs,需要将交变电场施加在基片上源极(Source)与漏极(Drain)之间。当采用浮动电势介电泳时,交变电场施加在源极(Source)与栅极(Gate)之间(漏极不加电压也不接地,为浮动极),利用漏极(浮动极)与栅极之间的电容耦合形成 S 与 D 之间的浮动电势。

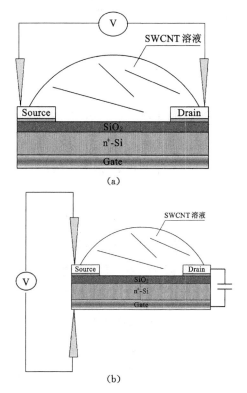

图 3-4　浮动电势介电泳与常规介电泳技术的比较

(a) 常规介电泳进行单壁碳纳米管的装配;(b) 浮动电势介电泳进行单壁碳纳米管的装配

　　定义漏极与栅极之间的阻抗 Z_{GD} 为:

$$Z_{GD} = 1/\mathrm{j}\omega_{GS}C_{GD} \tag{3-7}$$

式中,ω_{GS} 为栅极与源极之间交变电场的频率;C_{GD} 为栅极与漏极之间的电容。

当交变电场的频率 ω_{GS} 变高时（如近 MHz），漏极与栅极之间的阻抗 Z_{GD} 很小，使得极间电容耦合导致的漏极 V_D 与栅极 V_G 间电势差很小（即漏极随着栅极而变化"浮动"），从而该浮动漏极电势 V_D 与施加在源极上的激励电势 V_S 构成交变电场，形成与经典介电泳相似的效果。

经极间电容耦合形成的交变电场与栅极、漏极间距离和漏极面积有关。从式（3-7）可以看出，阻抗 Z_{GD} 与交变电场频率 ω_{GS} 和电容有关。电场频率越高，阻抗 Z_{GD} 越小，因而在高频电场作用时，电容 C_{GD} 可以很小。电容 C_{GD} 可描述为：

$$C_{GD} = \xi_0 \xi_{SiO_2} A_D / t_{SiO_2} \tag{3-8}$$

其中，$\xi_0 \xi_{SiO_2}$ 为与基片材料相关的介电常数，而 A_D 为漏极面积，t_{SiO_2} 为 SiO_2 氧化层厚度（重掺杂硅片相当于导体而不计入间距厚度）；所以在极间距很小时，漏极面积可以减小，从而达到提高器件集成度的目的。

目前微电极加工工艺可以达到平方微米的制作水平。实验表明，在制作的漏极面积为 $20\ \mu m^2$ 左右（微加工工艺较容易制作）、氧化层 SiO_2 厚度约 200 nm 时以及当施加的交变电场频率约为 1 MHz 时，阻抗 Z_{GD} 可以足够小，使得经 DG 间电容耦合产生的浮动电势能产生有效的介电泳效果。此时一对源漏电极所占面积平均小于 100 μm^2，理论上集成度仍然可以超过 10^6 个/cm^2，即每平方厘米达到百万量级，这与目前超大规模集成电路芯片（VLSI）的集成度基本接近。

3.1.4　使用芯片设计与浮动电势分析

根据上面的机理分析，采用浮动电势介电泳时，其实质是将外加交变电场施加于源极和栅极之间，经漏极与栅极间电容耦合，可在微电极阵列芯片的每对电极（源极和漏极）之间形成与外加交变电场一致的非均匀电场。由于漏极为浮动电极，故称之为浮动电势。这种方式,为高密度微电极阵列芯片上进行大规模并行介电泳装配制造提供了前提条件。

　　根据浮动电势原理和微加工工艺特点,在前期常规介电泳微电极设计与实验研究基础上,提出了基于浮动电势介电泳装配机理的硅基微电极阵列集成芯片设计。其中一组电极对结构如图 3-5 所示,其中 t_1 为硅氧化层厚度,t_2 为源漏金电极间隙。

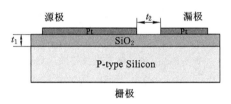

图 3-5　浮动电势电极结构前视图

　　图 3-5 所示电极对结构的等效电路如图 3-6 所示。金属电极-二氧化硅-掺杂硅可以等效成电阻与电容并联、电阻与电容并联以及更复杂的模型。这里选择电阻与电容并联模型,电容可以根据二氧化硅层的厚度来计算,而电阻部分只能通过测量来得到。使用专门的分析仪器,通过选择电阻与电容并联的模型,可以精确地测出电容与电阻值。在不考虑溶液中离子在溶液与金属电极表面形成的双层电容的条件下,源极与漏极之间可以等效成一个电阻。作为栅极的掺杂硅与背面金属层之间可以等效成一个电阻。

　　根据基尔霍夫电流定律,得

$$\frac{\Phi_g - \Phi_0}{R_g} = \frac{\Phi_0 - \Phi_d}{Z_{gd}} + \frac{\Phi_0 - \Phi_s}{Z_{gs}} \tag{3-9}$$

$$\frac{\Phi_0 - \Phi_d}{Z_{gd}} = \frac{\Phi_d - \Phi_s}{Z_{sd}} \tag{3-10}$$

式中,Φ_s、Φ_d 和 Φ_g 分别代表源极电势、漏极电势和栅极电势;R_g 表示 n^+ 掺杂区域的电阻,Z_{gs}、Z_{sd} 和 Z_{gd} 分别代表源极与漏极间电抗、源极与栅极间电抗、栅极与漏极间电抗。

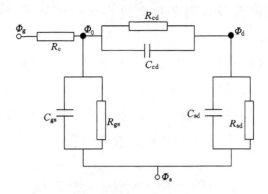

图 3-6　浮动电势介电泳等效电路图

漏极与栅极间的阻抗为：

$$Z_{gd} = \frac{R_{gd} \times \dfrac{1}{j\omega C_{gd}}}{R_{gd} + \dfrac{1}{j\omega C_{gd}}} \tag{3-11}$$

源极与栅极间的阻抗为：

$$Z_{sd} = \frac{R_{sd} \times \dfrac{1}{j\omega C_{sd}}}{R_{sd} + \dfrac{1}{j\omega C_{sd}}} \tag{3-12}$$

漏极与源极间的阻抗为：

$$Z_{gs} = \frac{R_{gs} \times \dfrac{1}{j\omega C_{gs}}}{R_{gs} + \dfrac{1}{j\omega C_{gs}}} \tag{3-13}$$

栅极与漏极间的电容为：

$$C_{gd} = \frac{\xi_0 \xi_{SiO_2} A_d}{h_{SiO_2}} \tag{3-14}$$

栅极与源极间的电容为：

$$C_{gs} = \frac{\xi_0 \xi_{S_iO_2} A_s}{h_{S_iO_2}} \tag{3-15}$$

漏极与源极间的电容为：

$$C_{sd} = \frac{\xi_0 \xi_{Au} A_{sd}}{h_{Au}} \tag{3-16}$$

由以上公式(3-9)到(3-16)得：

$$\Phi_d = \frac{\dfrac{\Phi_g}{R_g} + \dfrac{\Phi_s}{Z_{gs}} + \dfrac{\Phi_s \times Z_{gd}}{Z_{sd} \times R_g}\left(\dfrac{1}{R_g} + \dfrac{1}{Z_{gd}} + \dfrac{1}{Z_{gs}}\right)}{\left(\dfrac{Z_{gd}}{Z_{sd} R_g} + \dfrac{1}{R_g}\right)\left(\dfrac{1}{R_g} + \dfrac{1}{Z_{gd}} + \dfrac{1}{Z_{gs}}\right) - \dfrac{1}{Z_{gd}}} \tag{3-17}$$

由公式(3-17)可知浮动极电压与氧化层厚度、漏极面积、输入的源极与栅极电压之间的关系，这为 SWCNT 规模化装配所需芯片提供了制作条件和前提，选择更适合的制作参数。

在这些关系的基础上，采用了 COMSOLMultiphysics 多物理场耦合分析仿真软件进行了相关参数仿真分析。

浮动电势电极的设计主要与漏极的面积和二氧化硅的厚度有关，所以用 COMSOLMultiphysics 多物理场耦合仿真分析软件对这两个参数做了相应的仿真。通过仿真结果可知，二氧化硅氧化层厚度为 300 nm，漏极面积为 20～100 μm^2 时，耦合到漏极的电势接近于施加到背栅极的电势，使施加到源极和背栅极的电势相当于施加到源极和漏极的电势，从而漏极与相应的每个源极之间存在交变电场，驱动 SWCNT 装配至每对电极间，实现 SWCNT 的硅片级规模化装配。如图 3-7 所示，施加到源极、栅极的电势分别为 5 V 和 －5 V，通过 COMSOL 仿真分析，耦合到漏极的电势接近 －5 V。对芯片电势图层的划分如图 3-8 所示。对芯片仿真后，测试电极上电势分布，如图 3-9 所示，漏极能耦合到约 －4.8 V 电压，接近施加在栅极 －5 V。电极电流密度如图 3-10 所示，图中显示电流从源极流向栅极。

通过仿真结果来看，选择二氧化硅氧化层厚度为 300 nm，漏极面积为 20～100 μm^2 参数时可行，对其他参数也进行了仿真，如二氧化硅氧化层厚度为 100 nm，漏极面积为 100 μm^2 时，如图 3-11 所示，耦

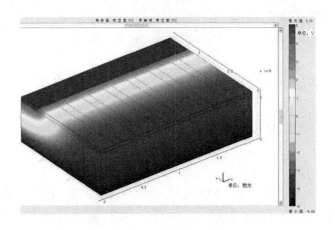

图 3-7　芯片浮动电势分布图

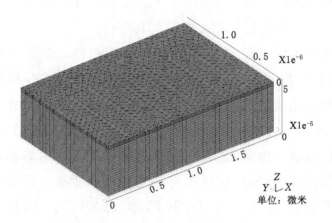

图 3-8　划分图层

合到漏极的电势接近于 0.5 V,与施加到背栅极的电势－5 V 有一定
的差距。

在上面浮动电势芯片仿真的基础上,结合著者前期介电泳实验
的情况,设计了浮动电势微电极芯片及晶源,如图 3-12 所示。晶源尺
寸为 4 inch,共分布 68 个独立单元电极芯片,如图 3-12(a)所示;每个
单元电极芯片尺寸为 12 mm×8 mm,单元上分布 6 组相同的电极结
构,如图 3-12(b)所示;每一组结构为左右对称分布,每一侧共分布 5

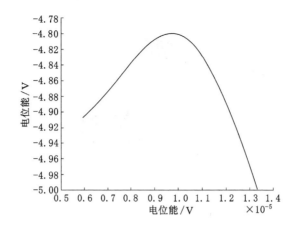

图 3-9　电极上电势测试

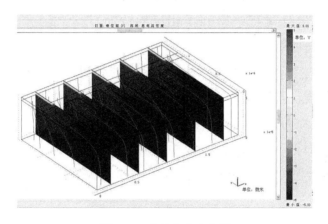

图 3-10　电极电流密度图

个独立单元,如图 3-12(c)所示;其中,每个独立单元有 10 对电极,所以每个电极结构有 100 对电极,如图 3-12(d)所示;同一个单元内电极结构相同,单元间的区别在于浮动端的面积不同,电极宽度都为 5 μm,但浮动极(漏极)的长度不同,有 4 μm、8 μm、12 μm、16 μm、20 μm,故浮动端的面积分别为 20 μm^2、40 μm^2、60 μm^2、80 μm^2、100 μm^2,如图 3-12(e)所示。每个单元电极芯片有 600 对源漏电极,而一个小晶源上有 40 800 对源漏电极,芯片集成度较高,为更大规模的装配制造提供了基础。另外,委托中国科学院微电子研究所微纳加工

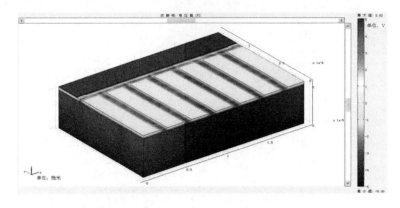

图 3-11　芯片浮动电势分布图（二氧化硅氧化层厚度为 100 nm）

中心进行了该掩模板的制作，电子科技集团 13 所进行了微电极芯片的加工，并在设计过程中得到了相应的帮助，进行相关微电极阵列的设计与加工是可行的。

　　基于以上浮动电势微电极阵列芯片的设计，确定好微电极的布局与几何参数、所用材料、加工工艺等，委托中国科学院微电子研究所微纳加工中心进行了掩模板的制作，电子科技集团 13 所进行了微电极芯片的加工，并在设计过程中得到了相应的帮助，进行相关微电极阵列的设计与加工是可行的。制作出的晶源如图 3-13 所示。

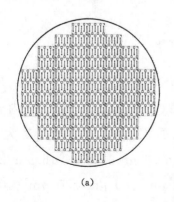
(a)

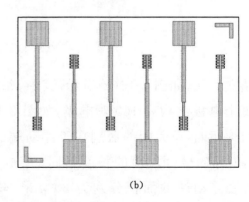
(b)

图 3-12　浮动电势微电极芯片结构图

(a) 晶源；(b) 电极单元芯片

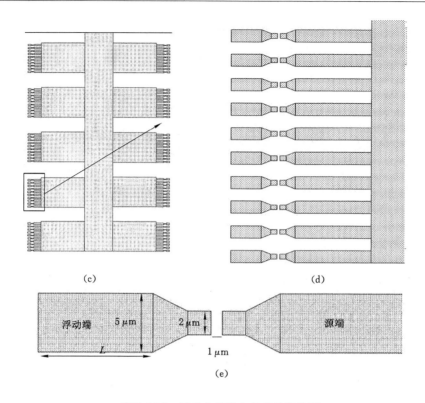

（c）　　　　　　　　　　　　　　　　　（d）

浮动端　5 μm　2 μm　源端

L　　1 μm

（e）

续图 3-12　浮动电势微电极芯片结构图

（c）电极单元结构；（d）每组单元结构局部放大图；（e）每对源漏极

图 3-13　浮动电势微电极晶源图

第4章 碳纳米管器件的装配制造研究

4.1 引 言

SWCNT FET 作为纳米器件的基础单元,具有比 CMOS FET 更高频响速度、更小能耗、更高导电率和更高集成密度等特点。因而,研究基于 SWCNTs 的 FET 制造技术和方法已成为当前纳米科学技术研究领域的前沿热点之一。在 SWCNTs FET 的研制过程中,尤其是对 FET 的规模化制造而言,除 SWCNTs 原材料的制备等关键技术外,如何实现 SWCNTs 在预定位置、沿预定方向与微电极的规模化电接触是最重要的关键环节与难点之一。著者前期探索了将基于原子力显微镜的纳米操作应用于 SWCNTs 的装配中,实现了 SWC-NTs 与微电极的装配与电接触,如图 4-1 所示,但这种操作方法很难适用于 SWCNTs 的规模化装配。

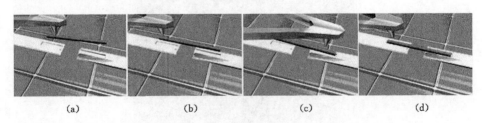

(a)　　　　　　(b)　　　　　　(c)　　　　　　(d)

图 4-1　基于 AFM 探针操作的 SWCNT FET 装配

(a) 放置 SWCNT;(b) 清理作业区域;(c) 确定装配位置;(d) 装配 SWCNT FET

本章主要根据介电泳的基础理论,在基于 SWCNTs 的介电泳力模型的基础上,进行了 SWCNTs FET 纳米器件的装配制造实验研究;在浮动电势介电泳的基本原理条件下,进行了 SWCNTs FET 纳米器件的批量化装配制造实验研究,并对其进行详细分析,实验证明,浮动电势介电泳方法获得了 SWCNTs FET 纳米器件的批量化制造的理想装配成功率。

4.2　单壁碳纳米管纳米器件的装配制造实验研究

根据前述研究,基于浮动电势介电泳机理的规模化 SWCNTs FET 集成制造工艺设计如图 4-2 所示。该工艺流程主要包括:SWCNTs 材料的预处理,介电泳批量化装配,漂洗,热处理与 AFM 观测表征等环节。

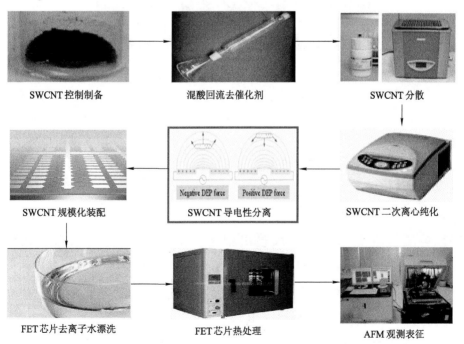

图 4-2　SWCNT FET 的规模化装配与制造流程

4.2.1 单壁碳纳米管纳米器件的装配制造实验装置

为了实现 SWCNT FET 纳米器件的装配制造,首先进行了基于常规 DEP 方法实现 SWCNT FET 纳米器件的装配实验研究,实验装置如图 4-3 所示。

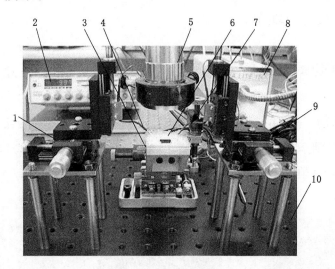

图 4-3　介电泳电极装配实验平台

1——左探针架;2——信号发生器;3——样品台;4——左探针;5——CCD 显微镜;
6——微电极芯片;7——右探针;8——显微镜光源;9——右探针架;10——底座

该实验系统采用是自制的精密三维移动平台作为位置移动控制装置,驱动位移控制精度能达到 30 nm。信号发生器提供给定交变电压信号,可提供不同波形的交流信号,其频率和电压幅值可调(最大输出电压幅值 10 V_{p-p},最大输出频率为 2 MHz);左右两探针架能 XYZ 方向移动来分别控制左右探针位置,微电极芯片放在样品平台上,探针分别接触电极的源漏两极尾端,通过信号发生器施加正弦交流信号来产生实验所需的交变电场。

在完成单个的 SWCNT FET 结构设计的基础上,委托北京大学微加工中心进行掩模板的制作,电子科技集团 13 所进行微电极芯片的加工,普通微电极芯片结构如图 4-4 所示,普通微电极芯片晶源如图 4-5 所示。

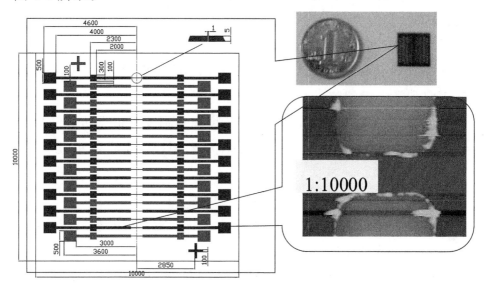

图 4-4　普通微电极芯片结构图

图 4-5　普通微电极晶源图

4.2.2　SWCNTs FET 纳米器件的介电泳装配制造实验研究

由于 SWCNTs 原材料是相互掺杂,需要采用本书第 2 章介绍的方法进行分离提纯。

在利用介电泳装配 SWCNTs 过程中,电场所需的交变电压信号及频率通过探针施加,电泳参数如电压、频率、持续时间等都可根据仿真结果及实验情况来调节与监控。

SWCNTs 的介电泳装配实验步骤如下:

• 采用微量移液器取少量(一般 2 μL)预处理后的 SWCNTs 溶液,滴定到微电极间隙;

• 对该电极施加正弦交流信号,其频率和幅度可依据仿真结果和经验值为参考(经实验,这里取频率为 2 MHz,峰峰值电压为 10 V_{p-p});

• DEP 装配持续时间为经验值(这里为 10 s);

• 对装配实验结果进行 AFM/SEM 表征,验证装配参数和过程;

• 装配结果的电特性测试;

所得到的单次实验结果 AFM 表征如图 4-6 所示。

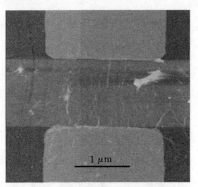

1 μm

图 4-6　未漂洗的 SWCNTs FET 装配图

在图 4-6 中可以看出,一些 SWCNTs 上有一些胶状物,从第二章对 SDS 阴离子表面活性剂的介绍和实验分析,这些胶状物是包裹在 SWCNTs 上的 SDS 分子,SDS 是易溶解于水,而 SWCNTs 具有疏水性,所以可以用漂洗的方法去除 SDS 分子。为了去除 SDS 表面活性剂分子,要将介电泳过的电极芯片在去离子水中进行漂洗,如图 4-7 所示,电极芯片与水平面成 30°缓慢浸入去离子水中,漂洗时间约为

20 s,然后把电极芯片放到真空干燥箱(DZG-6050SAD 型,上海森信实验仪器有限公司制造)里加热到 105 ℃,时间为 30 min,使残留在芯片上的水分蒸发掉。

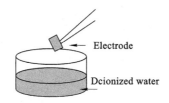

图 4-7　芯片漂洗示意图

　　为了获得更有效率的装配参数,本书对不同的介电泳持续时间进行了实验对比,实验结果通过 AFM 表征,如图 4-8 所示,电极的源漏两极间都装配上了 SWCNTs,但 SWCNTs 数量上不同,与图 4-6 相比,胶状物减少很多,说明 SDS 阴离子表面活性剂多数通过漂洗的方法被溶解到去离子水中,这也使 SWCNTs FET 在应用时受到 SDS 影响程度降低。图 4-8(a)、(b)、(c)、(d)的介电泳持续时间分别为 2 s、3 s、5 s、8 s,从图中可以看出,在同一比例浓度的 SWCNTs 溶液中,随着介电泳持续时间增加,装配在源漏两极间的 SWCNTs 也会增多,呈现正比例的状态,这一结果对纳米器件在应用时所需 SWC-NTs 的数量有一定的指导意义。

　　然而,并不是介电泳持续时间无限长,装配在源漏两极间的 SWCNTs 无限多,如图 4-8(e)所示,虽然介电泳持续时间达到了 60 s 时,但却没有 SWCNTs 装配在源漏两极间,这是因为如果介电泳时间过长,会发生金属电极的电迁移现象,在装配后,一侧电极在 SWC-NTs 产生的电子风的作用下,形成了堆积,从而使装配的成功率大大降低。

　　通过实验结果表明,获得 SWCNTs FET 纳米器件的较高装配成功率也与介电泳持续时间长短有关,在一定持续时间内(1～10 s),SWCNTs FET 纳米器件装配上的 SWCNTs 的数量与介电泳持续时间成正比例关系。

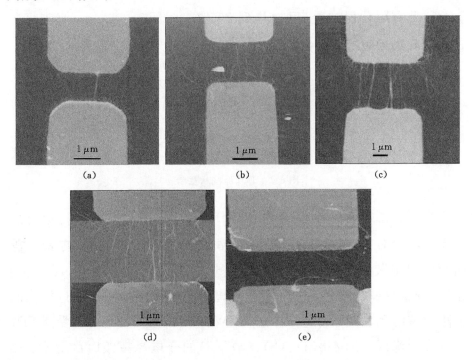

图 4-8　不同持续时间 SWCNTs FET 装配结果

(a) 2 s；(b) 3 s；(c) 5 s；(d) 8 s；(e) 60 s

　　电特性测试实验：为了检测 SWCNTs FET 装配的有效性及灵敏度，采用安捷伦公司的半导体参数分析仪（Agilent4155C Semiconductor Parameter Analyzer）对装配后微电极结构 SWCNT-FET 的电特性进行了测试，因为测得的信号在微安或者纳安量级，所以在测试时，用厚度达到 1 cm 不锈钢全封闭盖来屏蔽外界的干扰信号，如图 4-9 所示。测试时，把 SWCNTs FET 微电极芯片放置在测试腔的平台上，平台上的三个探针分别接触到芯片的源极、漏极和背栅极，其测试结果如图 4-10 所示。从图 4-10 可看出，源极和漏极间电流会随着栅极电压变化而变化，对于不同的栅极电压，电流输出曲线也会相应变化，栅极电压从 −4 V 到 4 V 变化，漏极电压变化范围为 −1 V 到 1 V，说明装配的 SWCNTs FET 具有明显的场效应特性，实现了有效的物理装配和电连接。

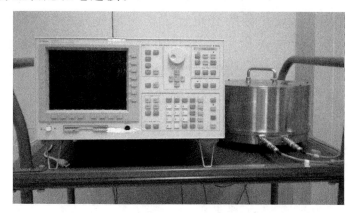

图 4-9　SWCNTs FET 纳米器件电特性检测系统

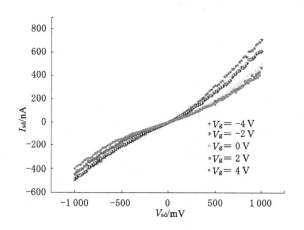

图 4-10　装配后测量的场效应特性曲线

　　SWCNTs 溶液与装配效果的实验研究：上述实验采用的 SWC-NTs 溶液配比为质量百分比 0.01% SWCNTs，0.1%SDS，为了进行浓度对比，在提高 SWCNTs 溶液配比浓度（质量百分比 0.1% SWC-NTs，1%SDS）之后，按上面提到的 DEP 方法进行了重新装配，实验结果通过 SEM 表征，如图 4-11 所示。图 4-11(a)、(b)、(c)、(d)的介电泳持续时间分别为 2 s、3 s、5 s、8 s，从图中可以看出，在同一比例浓度的 SWCNTs 溶液中，随着介电泳持续时间增加，装配在源漏两极间的 SWCNTs 也会增多。与图 4-8 相对比,无论是装配在源漏两极间的 SWCNTs,还是因为介电泳力附在电极两端的 SWCNTs,图 4-11 显示出来的结果都相比较多,所以浓度增加,有助于提高装配的 SWCNTs 数量,但过多的 SWCNTs,会由于 SWCNTs 本身不同的性质,比如金属性、非金属性等,对纳米器件产生不利的影响。

图 4-11　不同持续时间 SWCNTs FET 装配结果

(a) 2 s;(b) 3 s;(c) 5 s;(d) 8 s

　　通过实验结果对比,选择适当的 SWCNTs 溶液浓度(本书采用精确配比为质量百分比 0.01% SWCNTs, 0.1%SDS)会使 SWCNTs FET 上的 SWCNTs 分布效果均匀且对称,从而获得了很好的装配效果。

4.2.3　氧化锌及石墨烯纳米材料的介电泳装配制造实验研究

本书不但开展了基于 DEP 方法的 SWCNTs FET 结构装配研究，同时也进行了对其他纳米材料的纳米器件装配研究。

（1）基于 DEP 方法的氧化锌装配实验研究

氧化锌（zinc oxide，ZnO）和 SWCNT 同为一维纳米材料，拥有半导体、光电、压电、气敏、透明导电和对人体无害等诸多优良特性，是一种重要的宽禁带半导体功能材料。

ZnO 纳米线、纳米棒是重要的一维纳米材料，将 ZnO 纳米线作为导电沟道，构成一维 ZnO 纳米线场效应晶体管（ZnO FET），在生物、化学传感和探测等纳米电子学领域具有广阔的应用前景。

本书采用的 ZnO 原料样品是由中国科学院微电子研究所通过化学气相沉积法方法制备的，ZnO 原料样品通过三维视频光学显微镜（浩视公司，型号 KH-7700）表征，如图 4-12 所示。在对 ZnO 进行超声分散后，进行了 DEP 驱动装配实验，对电极施加正弦交流信号，其频率为 2 MHz，峰峰值电压为 10 V_{p-p}，实验结果如图 4-13 所示。图 4-13(a)、(b)、(c) 的介电泳持续时间分别为 3s、5s、8s，从图中可以看出，实现了 ZnO 驱动到源漏两极的间隙及电极两侧处。在同一比例浓度的 ZnO 溶液中，随着介电泳持续时间增加，装配在源漏两极上的 ZnO 也会增多，这与 SWCNTs FET 装配结果基本吻合。从实验结果显示，DEP 方法同样可以使基于 ZnO 的纳米器件装配成功。

（2）基于 DEP 方法的石墨烯装配实验研究

石墨烯的基本结构单元为有机材料中最稳定的苯六元环，是目前理想的、最薄的二维纳米材料。石墨烯具有优良的机械和光电性质，结合其特殊的单原子层平面二维结构及其高比表面积，可以制备基于石墨烯的各种柔性电子器件和功能复合材料。同时，石墨烯具有性能优异、成本低廉、可加工性好等许多优点，纳米界普遍预测石墨烯在电子、信息、能源、材料和生物医药等领域具有较宽阔的应用前景。

图 4-12 ZnO 原料样品

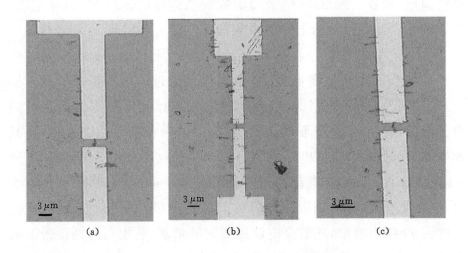

图 4-13 不同持续时间 ZnO FET 装配结果

(a) 3 s;(b) 5 s;(c) 8 s

　　石墨烯本身表现的是疏水性,很难形成水溶液,制约了其进一步应用,所以一般对其功能化后进行应用[123]。功能化的石墨(氧化石墨)在乙醇溶液中经过超声后,得到易溶解于水的氧化石墨烯(graphene oxide, GO)。FET 作为电子器件最基本的元件之一,可用来构建各种功能器件或系统。将氧化石墨烯作为导电沟道,构成二维氧化石墨烯场效应晶体管,根据在不同环境氛围下,FET 器件电学性能的相应变化,实现氧化石墨烯基纳米器件。

　　本书采用的氧化石墨原料样品是由中国科学院金属研究所通过化学剥离方法制备的,浓度为 0.001％的氧化石墨烯溶液通过 AFM 表征,如图 4-14 所示。分散后的氧化石墨烯成片状,分散均匀。在 DEP 驱动装配实验中,对电极施加正弦交流信号,其频率为 2 MHz,峰峰值电压为 10 V_{p-p},实验结果如图 4-15 所示。图 4-15(a)、(b)的 DEP 持续时间分别为 5 s、8 s,对比表明,图 4-15(b)中,源漏间及两侧装配的 GO 更多,与 SWCNTs FET 装配结果基本吻合。

图 4-14　浓度 0.001％氧化石墨烯溶液的原子力显微镜扫描图

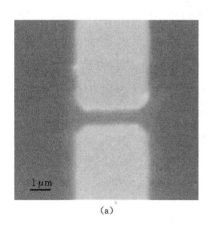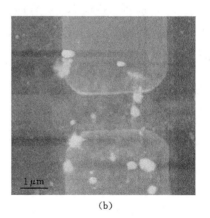

(a)　　　　　　　　　　　　　　　　(b)

图 4-15　不同持续时间 GO FET 装配结果

(a) 5 s;(b) 8 s

通过实验结果表明,本书研究的利用 DEP 方法对 SWCNTs FET 纳米器件进行的有效装配,这种方法不仅对 SWCNTs 装配有效,而且对基于其他纳米材料的纳米器件制造也同样可行。

4.3　单壁碳纳米管纳米器件的批量化装配实验研究

批量化、规模化制造是纳米器件的发展趋势。利用浮动电势介电泳方法实现 SWCNTs 与微电极的规模化装配,对纳米器件批量化、规模化制造技术发展具有重要意义。

在前面研究的基础上,本节将介绍基于浮动电势介电泳机理的 SWCNTs FET 纳米器件的规模化装配方法与实验研究。

4.3.1　样品制备

采用与本书第 2 章相同 SWCNTs 原料。将精确配比(所配试剂质量百分比为 0.0001% SWCNTs, 0.001% SDS)的 SWCNTs 溶液放入试管中,在超声波振荡器中以频率 59 kHz 处理 2 h 后静止 1 h,然后再超声处理 2 h,静置 3 h 以上进行沉淀处理,获得分散良好的均匀接近无色透明 SWCNTs 溶液,此时的 SWCNTs 溶液应为没有可见的悬浮物及沉淀物;然后,对 SWCNTs 分散后溶液进行离心纯化处理。根据密度梯度离心的方法,首先以 3 000 g 的离心加速度离心处理 1 h,取出 30% 上层溶液(无定形碳等),再把剩下的 70% 下层溶液超声 0.5 h 后,以 30 000 g 的离心加速度离心 1 h 后留取 50% 上层溶液,超声 0.5 h,静置 1 h,即为较纯净的 SWCNTs 溶液。

4.3.2　SWCNTs FET 纳米器件的批量化装配实验

在利用浮动电势介电泳装配批量化的 SWCNTs FET 过程中,电场所需的交变电压信号及频率通过探针施加,电泳参数如电压、频率、持续时间等都可根据常规介电泳的装配、仿真结果及实验情况来调节与监控。与常规 DEP 装配实验过程相同,本书采用的浮动电势介电泳批量化装配实验也在同一 SWCNTs 溶液浓度的条件下进行,并在不同持续时间和不同频率条件下进行了实验和结果对比分析,得到了较理想的装配参数及装配成功率。

浮动电极芯片结构在第 3 章图 3-12 所示,在图 3-12(d)中,每个单元是由 10 对电极构成,所以在表征时,是以这 10 对电极为一个研究对象。

基于 SWCNTs 的浮动电势介电泳装配实验步骤如下:

① 采用微量移液器取 2 μL 预处理后的 SWCNTs 样品溶液,滴定到浮动电势微电极后;

② 立即对该电极施加正弦交流信号,其频率为 2 MHz,峰峰值电压为 10 V_{p-p},持续时间为 8 s;

③ 再将浮动电势介电泳过的电极芯片在去离子水中进行漂洗,漂洗时间约为 20 s;

④ 然后把电极芯片放到真空干燥箱里加热到 105 ℃,时间为 30 min,使残留在芯片上的水分蒸发掉;

⑤ 实验结果通过 AFM Dimension 3100 表征,如图 4-16 所示。

因为 AFM 扫描范围所限,10 对电极共扫描两次,图 4-16(a)中的第 6 对电极是图 4-16(b)中的第 1 对电极,共 10 对电极,图 4-16(c)～图(l)分别代别第 1 对到第 10 对电极。

从图 4-16(c)～图(l)可以看出,虽然源极和浮动极(漏极)之间都装配上了 SWCNTs,但 10 对电极间隙的 SWCNTs 数量比较多,而且 10 对电极都或多或少的有一些杂质被驱动到源极和浮动极之间,虽然本组实验参数获得的装配成功率高,但由于 SWCNTs FET 纳米器件所需要装配 SWCNT 的数量趋近于单根,这样才更能显现出 SWC-NT 独特的电特性,而且,驱动到源极和浮动极之间的杂质也会影响到 SWCNTs FET 纳米器件的应用。利用这组参数装配了五个电极芯片,3 000 对电极,装配成功率在 80% 以上。

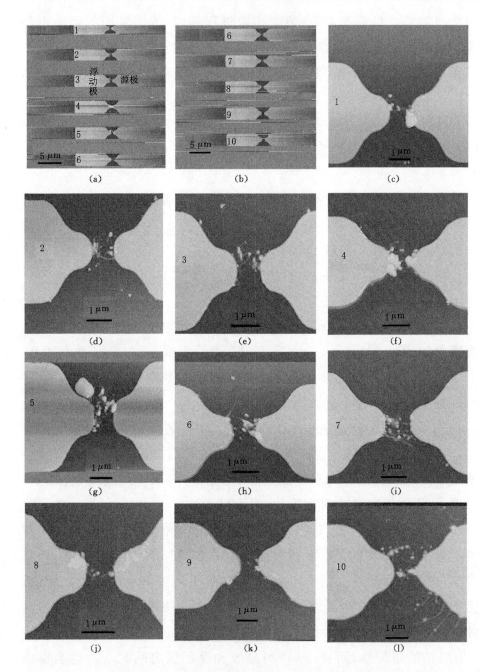

图 4-16 浮动电势介电泳法实现 SWCNTs FET 的规模化装配结果($t=8$ s)

根据图 4-16 采用的参数装配的 SWCNTs 数量多,间隙杂质也多的情况,在常规介电泳装配 SWCNTs FET 实验经验基础上,缩短了持续时间,达到 3 s,对电极施加正弦交流信号,其频率为 2 MHz,峰峰值电压为 10 V_{p-p},实验结果如图 4-17 所示。与图 4-16 相同,图 4-17(a)中的第 6 对电极是图 4-17(b)中的第 1 对电极,共 10 对电极,图 4-17(c)~图 4-17(k)分别代表第 1 对到第 9 对电极,第 10 对电极因为被其他宏观杂质污染到了电极间隙处,没有进行 AFM 表征。从图 4-17(c)~图 4-17(k)可以看出,源极和浮动极(漏极)之间都装配上了 SWCNTs,与图 4-16 相比,装配上的 SWCNT 主要以单根为主,图 4-17(j)和图 4-17(k)中装配上的 SWCNTs 为两根,其他电极的源极和浮动极之间为单根 SWCNT,说明缩短浮动电势介电泳持续时间会减少装配上的 SWCNT 数量,虽然因为一个宏观杂质污染到了第 10 对电极,使这对电极装配不成功,但如果去除这种外界因素影响,以单根 SWCNT 装配为目标的 SWCNT FET 纳米器件,图 4-17 所示实验结果要优于图 4-16 所示的实验结果。利用这组参数装配了五个电极芯片、3 000 对电极,装配成功率在 90% 以上。所以,本组实验参数对于装配批量化的 SWCNTs FET 来说,是可以指导进一步批量化装配应用的。

通过浮动电势介电泳法进行了大量的 SWCNTs FET 规模化装配实验研究,在不同实验参数下,获得了许多实验结果,除了图 4-16 和图 4-17 外,本书还将列举对电极施加正弦交流信号为频率 1 MHz、峰峰值电压为 10 V_{p-p},持续时间为 5 s 的实验结果,如图 4-18 所示。

从图 4-18(c)~图 4-18(l)结果可以看出,源极和浮动极(漏极)之间多数装配上了 SWCNTs,图 4-18(f)中虽然电极附近有一些 SWC-NTs,但 SWCNTs 并没有装配在电极间隙,所以不成功,图 4-18(j)和图 4-18(k)中电极上的 SWCNTs 为多根,但并没有 SWCNT 装配在电极间隙。图 4-18(e)、图 4-18(g)、图 4-18(h)和图 4-18(i)的源极和浮动极之间装配上的是单根 SWCNT,图 4-18(c)、图 4-18(d)、

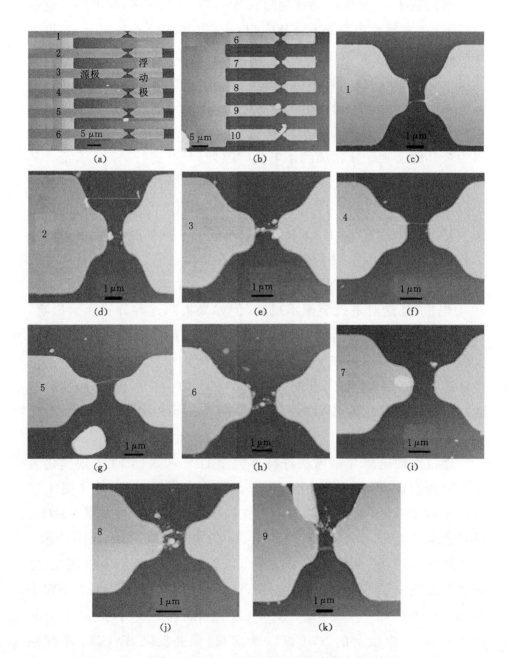

图 4-17　浮动电势介电泳法实现 SWCNTs FET 的规模化装配结果（$t=3$ s）

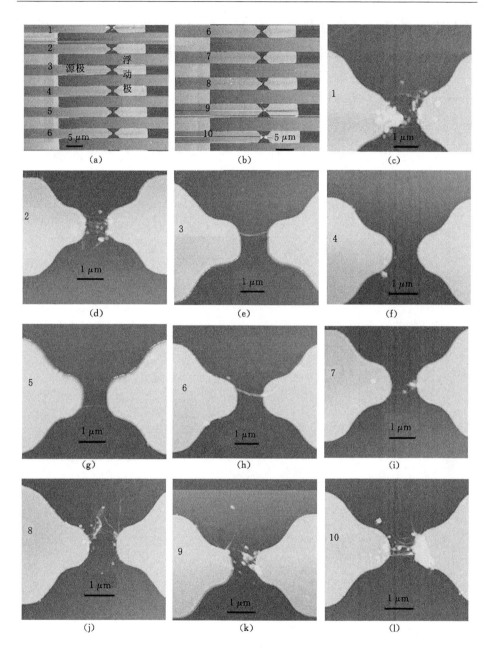

图 4-18　浮动电势介电泳法实现 SWCNTs FET 的规模化装配结果

（$f=1\ \mathrm{MHz}$，$t=5\ \mathrm{s}$）

图 4-18(l)的源极和浮动极之间装配上的为多根 SWCNTs。利用这组参数装配了三个电极芯片、1 800 对电极、装配成功率在 75％左右。

根据其他实验参数也进行了浮动电势介电泳法的 SWCNTs FET 规模化装配,装配成功率在 70％～85％之间。实验证明,利用本章介绍的浮动电势介电泳技术进行的 SWCNTs FET 规模化装配是有效的,能够指导 SWCNTs FET 等纳米器件进行规模化的制造与应用。

第 5 章　碳纳米管气体传感器制作及特性测试研究

5.1　引　　言

正如第 2 章所述的 SWCNTs 具有独特的表面结构,使 SWCNTs 对周围环境(如气体的变化等)十分敏感,气体环境的改变会迅速引起其表面或者表面离子价态和电子运输的变化,即引起其电学性质的显著变化。SWCNTs 的这种特有性能使之在气体传感器方面具有广阔的应用前景,利用 SWCNTs 可研制出响应速度快、灵敏度高、选择性强的气体传感器。

基于 SWCNTs 气体传感器的应用如图 5-1 所示。

与其他传统的气体传感器相比,基于 SWCNTs 的气体传感器具有高的比表面积、高的电导率、丰富的孔隙结构、相当高的表面能和稳定的理化性能,对气相化学组分有很强的吸附和解吸能力,因而成为制造气体传感器的优选材料,同时,SWCNTs 在常温下工作,无须附加温控单元,可节约能能耗,使传感器整体结构变得简单。SWCNTs 基气体传感器对一些氧化性气体和还原性气体具有很高的灵敏度,比如 NH_3、NO_2、NO、SO_2、H_2S 等,对有机蒸气也有很高的反应性,如甲醛、乙醇、CH_4、四氢呋喃、环己烷、苯、甲苯等,这为 SWCNTs 基气体传感器的广泛应用提供了良好的应用条件。

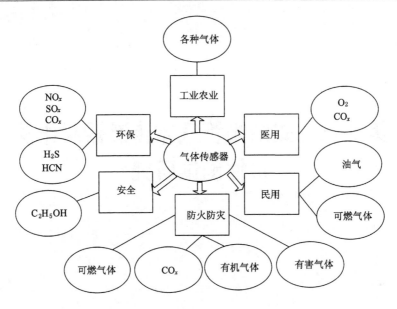

图 5-1　气体传感器主要应用领域

　　通过前面单壁碳纳米管纳米器件的装配制造实验研究基础,且装配成功率很高的情况下,会获得大量的 SWCNTs 基纳电子器件,这为单壁碳纳米管气体传感器研究提供了前提。本章开展了搭建纳米气体传感器实验平台,基于 SWCNTs 的纳电子器件测试技术等研究,并对基于单壁碳纳米管气体传感器进行了气敏特性检测。

5.2　基于纳米材料的气体传感器实验平台搭建

　　根据基于纳米材料的气体传感器的自身特点、著者的前期相关实验基础及气体测试环境,搭建了实验装置及实验测试平台,如图5-2所示。整个实验装置系统由氮气瓶、被测气体瓶、气泵、出气阀、流量计、压力表、测试箱、探针测试台、半导体参数分析仪、计算机、废气收集(通过乙醇吸收废气中有机气体,通过水吸收易溶解于水的气体,防止环境污染)装置组成。实验通过安捷伦公司的半导体参数分析仪(型号:Agilent4155C)检测气体传感器导电性的变化,记录实验数据,实验结束后通入氮气把测试箱中的被测试气体推入到回收箱内,经过尾气处理后排出室外。

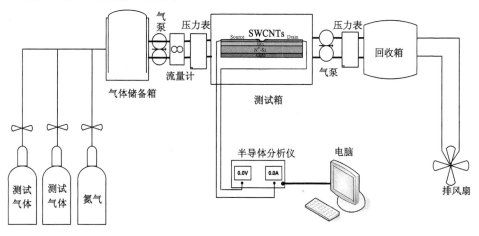

图 5-2　基于纳米材料的气体传感器系统测试设计结构示意图

　　基于纳米材料的气体传感器的主要结构是一个场效应晶体管,如图 5-3 所示。电极主要为漏极、源极和背栅极三个部分。SWCNTs 与栅极之间被一层绝缘层 SiO_2 隔开。当 SWCNTs 暴露在气体中时,气体分子与 SWCNTs 表面的碳原子相互作用,使 SWCNTs 的电学结构发生变化。以吸附 NO_2 分子为例,在 SWCNTs 表面上,每个碳原子以 sp^2 杂化轨道与周围的碳原子成 3 个 d 键,余下 1 个电子在碳碳之间形成离域 π 键,这个 π 电子在 SWCNTs 的电传导中起着相当重要的作用。NO_2 有 1 个未成对电子,因而有强氧化性,与 SWCNTs 表层的碳原子发生接触后,强烈的吸电子效应迅速使得管表面的 π 电子云偏向 NO_2,宏观上发生从 SWCNTs 到 NO_2 的电荷转移,这种分子间的平均电荷转移量可高达 0.1 e 左右。电子的流失增加了半导体性 SWCNTs 空穴载流子的浓度,可以将其电导率提高 3 个数量级。对于 NH_3 这样的还原性气体,由于路易斯碱的电子结构,与碳吸附后,NH_3 上的一对孤对电子作为给体向 SWCNTs 转移,占据了空穴载流子,导致载流子浓度下降,电导率下降了两个数量级。当这种氧化性气体、还原性气体通过 SWCTNs 气体传感器时,实时检测 SWCTNs 电导性不同的变化情况,就能够获得被测气体成分。

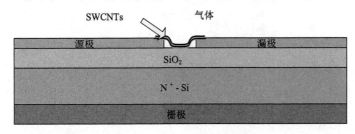

图 5-3 基于 SWCNTs 的气体传感器结构示意图

5.3 纳电子器件测试技术

本书根据半导体性 SWCNTs FET 所具有的电特性,研究采用自行研制具有屏蔽作用的弱信号处理装置和半导体参数分析仪,通过微电极的引出端,对 SWCNTs 的 I_D-V_{SD} 输出特性曲线簇进行测试。单个 SWCNTs FET 测试电路设计由电流电压转换,乘法器、低通滤波器、模数转换器及数字信号处理等部分组成。测试步骤如下:固定 SWCNTs FET 的栅电压,将激励电压加到 SWCNTs FET 漏源端,将源漏电流信号通过前置放大器得到一簇 SWCNTs FET 的 I_D-V_{SD} 输出特性曲线。通过将 SWCNTs FET 的 V_{SD} 固定,激励电压加到 SWCNTs FET 的栅端进行检测,得到一簇 SWCNTs FET 的输入特性曲线。根据以上测得的数据,可以计算 SWCNTs FET 的跨导、I_{on}/I_{off}、亚阈值斜率等器件的特性参数。利用阶跃信号和不同频率的测试信号对装配的 SWCNTs FET 进行测试,得到电特性测试曲线。在进行 SWCNTs 基气体传感器电阻变化测试时,通过测试通入气体前后 SWCNTs 电阻变化情况,来确定所测气体的成分。基于 SWCNTs 纳电子器件电特性测试设计结构如图 5-4 所示。

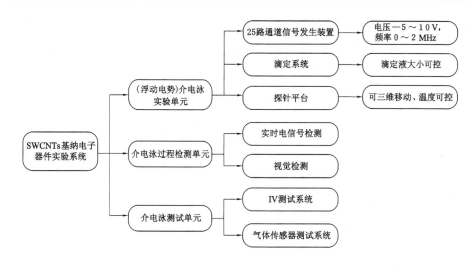

图 5-4　基于 SWCNTs 纳电子器件电特性测试设计结构图

5.4　基于单壁碳纳米管气体传感器的气敏特性检测

基于 SWCNTs 制作气体传感器的原理：SWCNTs 具有中空结构和大的比表面积，对气体有很强的吸附能力，由于吸附的气体分子与 SWCNTs 相互作用，因而能改变它的载流子浓度，并引起宏观电阻发生很大的变化，通过对电阻变化的测定即可检测气体的成分，因此，SWCNTs 可用来制作气体传感器。

5.4.1　单壁碳纳米管在氨气中的电导性实验

通过第 4 章的介电泳装配实验方法，制造出气敏测试实验所需要的 SWCNTs FET 纳米器件。由于要通入两种不同浓度氨气，所以装配了两个 SWCNTs FET，如图 5-5 所示。首先把 SWCNTs FET 放入测试箱中，接好半导体参数分析仪，把探针测试台上的两个探针分别接触到芯片的源极、漏极，把不锈钢测试箱封闭盖好，测试此时 SWCNTs FET 的 I_D-V_{SD} 特性曲线，记录相关数据；持续通入氮气(作为载气),把测试箱内的气体排出后,通入浓度为 8.5 ppm 的氨气,在半导体参数分析仪上立刻显示出 SWCNTs FET I_D-V_{SD} 特性变化曲线,并记录相关数据,持续时间为 2 s 后,关闭氨气瓶气阀,因为氨气易溶解于水,所以把尾气管放在回收箱中水箱内,然后再通过排风扇排出室外。检测完这组数据后,再放入第二个 SWC-NTs FET,把探针测试台上的两个探针分别接触到芯片的源极、漏极,通过半导体参数分析仪测试此时 SWCNTs FET 的 I_D-V_{SD} 特性曲线,记录相关数据;持续通入氮气,把测试箱内的气体排出后,通入浓度为96.5 ppm的氨气,时间为 2 s,测试此时 SWCNTs FET 的 I_D-V_{SD} 特性变化曲线,并记录相关数据;关闭氨气瓶气阀,将尾气溶解水后排放到室外。

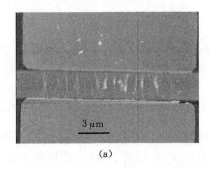 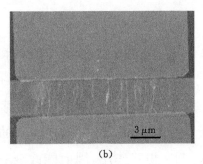

图 5-5　介电泳 SWCNTs FET 装配结果

　　把两组通入氨气前后,利用半导体参数分析仪测试出的数据通过 Origin 数据处理与科学作图软件进行分析、比较,如图 5-6 所示。图中"a"表示通入 8.5 ppm 的氨气前后的 I_D-V_{SD} 特性曲线,图中"b"表示通入 96.5 ppm 的氨气前后的 I_D-V_{SD} 特性曲线,这两组数据都表明,电导率下降了两个数量级。作为还原性气体的氨气,与碳吸附后,氨气上的一对孤对电子作为给体向 SWCNTs 转移,占据了空穴载流子,导致载流子浓度下降,所以使电导率下降了两个数量级。

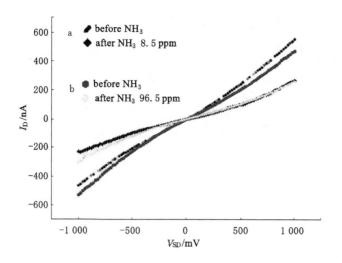

图 5-6　通入 NH_3 前后 SWCNTs FET 的 I_D-V_{SD} 曲线变化情况

5.4.2　单壁碳纳米管在二氧化氮中的电导性实验

利用介电泳装配实验方法,制造出气敏测试实验所需要的 SWC-NTs FET 纳米器件,如图 5-7 所示。首先把 SWCNTs FET 放入测试箱中,接好半导体参数分析仪,把探针测试台上的两个探针分别接触到芯片的源极、漏极,把不锈钢测试箱封闭盖好,测试此时 SWC-NTs FET 的 I_D-V_{SD} 特性曲线,记录相关数据;持续通入氮气,把测试箱内的气体排出后,通入浓度为 0.86 ppm 的 NO_2,在半导体参数分析仪上立刻显示出 SWCNTs FET I_D-V_{SD} 特性变化曲线,并记录相关数据,持续时间为 2 s 后,关闭 NO_2 瓶气阀,因为 NO_2 易溶解于水,所以把尾气管放在回收箱中水箱内,然后再通过排风扇排出室外。检测完这组数据后,再放入第二个 SWCNTs FET,把探针测试台上的两个探针分别接触到芯片的源极、漏极,通过半导体参数分析仪测试此时 SWCNTs FET 的 I_D-V_{SD} 特性曲线,记录相关数据;持续通入氮气,把测试箱内的气体排出后,通入浓度为 1.05 ppm 的 NO_2,时间为 2 s,测试此时 SWCNTs FET 的 I_D-V_{SD} 特性变化曲线,并记录相关数据；关闭 NO_2 瓶气阀，把尾气溶解水后排放到室外。

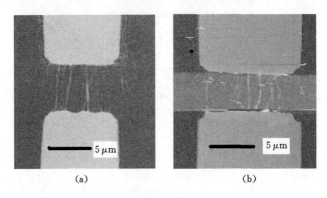

(a)　　　　　　　　　　(b)

图 5-7　介电泳 SWCNTs FET 装配结果

同样，把两组通入 NO_2 前后，利用半导体参数分析仪测试出的数据通过 Origin 数据处理与科学作图软件进行分析、比较，如图 5-8 所示。图中"a"表示通入 0.86 ppm 的 NO_2 前后的 I_D-V_{SD} 特性曲线，图中"b"表示通入 1.05 ppm 的 NO_2 前后的 I_D-V_{SD} 特性曲线，这两组数据都表明，其电导率提高 3 个数量级。作为氧化性气体的 NO_2，与碳吸附后，发生从 SWCNTs 到 NO_2 的电荷转移电子的流失，增加了半导体性 SWCNTs 空穴载流子的浓度，使电导率提高 3 个数量级。

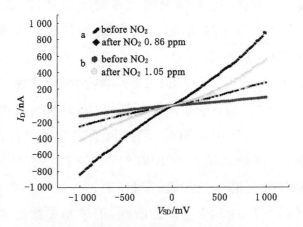

图 5-8　通入 NO_2 前后 SWCNTs FET 的 I_D-V_{SD} 曲线变化情况

5.4.3　单壁碳纳米管气体传感器洗脱实验

SWCNTs 气体传感器若想从实验走向市场应用,不仅要规模化制造,而且要能重复使用。上述检测 NH$_3$ 和 NO$_2$ 气敏检测实验所采用的 SWCNTs 气体传感器,是一次检测,并没有重复利用,所以本节对上节所用的 SWCNTs 气体传感器进行了洗脱实验,使 SWCNTs 气体传感器能够重复再利用。

通常洗脱 SWCNTs 上吸附的气体分子,采用加热、持续通入氩气等方法来改善气体恢复特性,但这些方法缺点是恢复时间很慢,比如用加热并吹氮气的方法要加热 200 ℃,并持续 1 h 以上;持续通入氩气,更需要 12 h 以上,在实际应用时,效率较低。本书采用紫外线光照的方法,能够快速洗脱 SWCNTs 上吸附的气体分子,使 SWC-NTs 气体传感器能够恢复重新使用。把图 5-5(a)检测过的 SWCNTs FET 在常温情况下,通过紫外线光照射 5 min 后,SWCNTs 上的 NH$_3$ 分子基本脱离,又恢复到了原先的 IV 特性,如图 5-9 所示。图 5-7(a)检测过的 SWCNTs FET 在常温情况下,通过紫外线光照射 5 min 后,SWCNTs 上的 NO$_2$ 分子基本脱离,也恢复到了原先的 IV5 特性,如图 5-10 所示。

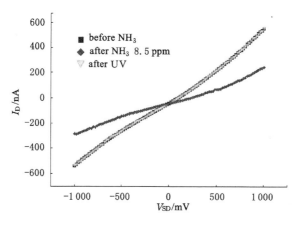

图 5-9　紫外线光照射 SWCNTs FET 前后的 I_D-V_{SD} 曲线变化情况(NH$_3$)

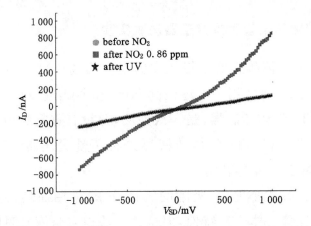

图 5-10　紫外线光照射 SWCNTs FET 前后的 I_D-V_{SD}曲线变化情况（NO_2）

第6章　纳米传感器的介电泳组装实验研究

6.1　引　　言

在上述对金纳米粒子和碳纳米管介电泳组装规律的理论研究的基础上,分别对金纳米粒子和碳纳米管的介电泳组装进行实验研究,并以组装获得的纳米结构作为传感单元分别研究其对气体流量(金纳米粒子链)和次氯酸钠溶液(碳纳米管束)的检测效果。

对于金纳米粒子,主要研究各种粒径金纳米粒子的介电泳组装速率受电场频率的影响规律以及对最小尺寸(2 nm)的金纳米粒子的介电泳组装,最后以组装获得的 10 nm 金纳米粒子链作为传感单元,研究其对气体流量的检测效果。对于碳纳米管,主要研究高纯电子等级碳纳米管(EG-CNT)在 16 V_{p-p} 电势和 1 MHz 电场频率下的介电泳组装实验,并以此组装获得的碳纳米管束作为传感单元,研究其对次氯酸钠溶液的检测效果。

6.2　金纳米粒子的介电泳组装实验研究

6.2.1　实验材料和实验方法

实验用的平面微电极对系统是利用微加工技术的 Lift-off 标准工艺加工制作的,如图 6-1 所示。首先在硅晶片经过高温氧化后表面生长出一层氧化硅层。将氧化后的硅基底依次浸没在丙酮、异丙醇和去离子水中。干燥后以 3 000 rpm 的速度在硅基底表面旋涂 AZ5214E 光刻胶,持续时间 30 s。电极的图案通过光刻和显影后转移到了硅基底表面,微电极对的间隙为 2 μm。随后,通过热蒸镀按显影后的硅基底表面图案分别沉积 50 nm 的铬和 300 nm 的金。最后,通过剥离的方式把残余的光刻胶连同其上面的铬和金一起去除。经过 Lift-off 微加工工艺制作的平面微电极系统如图 6-2 所示。

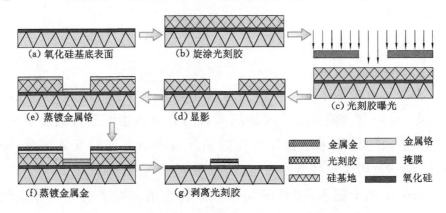

图 6-1　平面微电极对系统的 Lift-off 加工过程

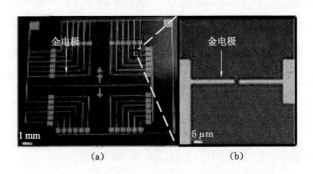

图 6-2　Lift-off 微加工工艺制作的平面微电极系统

(a) 硅基底上的平面微电极阵列;(b) 一对平面微电极对

实验所用的金纳米粒子溶液是购买自 British Biocell International 公司的 EM. GC 系列产品,粒子尺寸分别为 2 nm、10 nm、

50 nm 和 100 nm。

金纳米粒子的介电泳组装实验结构示意图如图 6-3 所示。在滴加金纳米粒子溶液于微电极对间后,由信号发生器产生的交变电压被施加到微电极对的两端;电阻 A 的作用是防止流经电极对的电流过大而烧蚀微电极,同时也可以防止金纳米粒子成链的过度生长;数字示波器用于实时检测实验过程中横跨电阻 A 两端的电压并进而实时监控金纳米粒子成链的过程。当金纳米粒子组装成链并连接到两端电极时,数字示波器会出现明显的电势变化。数字表用于记录从实验开始到金纳米粒子链连接到电极端时所经历的时间历程 Δt,用以计算金纳米粒子介电泳组装成链的平均速率,即 $\Delta u = 2\ \mu m/\Delta t$。实验所用的信号发生器是美国 Hewlett Parkward 公司的 Hp 811A 信号发生器,数字示波器是美国 Tektronix 公司的 TDS 220 示波器,电阻 A 的电阻值选为 3 kΩ。

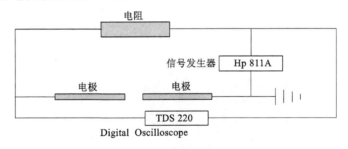

图 6-3　金纳米粒子介电泳组装的实验结构示意图

实验分别针对 2 nm 至 100 nm 的金纳米粒子溶液,施加 6 V_{p-p} 的交变电势于微电极对两端,记录不同电场频率下金纳米粒子成链的平均速率。针对 2 nm 的金纳米粒子溶液,在增加电场电势到 16 V_{p-p} 的情况下,再次进行介电泳组装成链实验。

6.2.2　金纳米粒子的介电泳组装频响实验结果

当电场频率从 10 Hz 变化到 100 MHz 时,各尺寸的金纳米粒子的介电泳组装平均速率随频率的变化趋势如图 6-4 所示。图 6-5 显示了 10 nm 金纳米粒子介电泳组装成链的 SEM 成像。

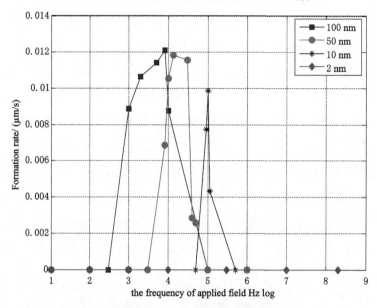

图 6-4　金纳米粒子的介电泳组装平均速率随电场频率的变化趋势（电势为 6 V_{p-p}）

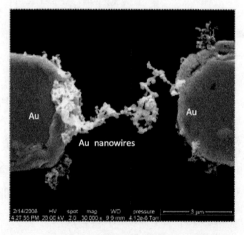

图 6-5　10 nm 金粒子介电泳组装成链的 SEM 成像

　　图 6-4 的实验结果表明,金纳米粒子的介电泳组装频谱特性曲线可以分成三个区间。如对于 100 nm 的金粒子,当频率低于 0.3 kHz

或高于 0.1 MHz 时,其平均组装速率为 0,即粒子未能组装成链并连接到微电极对两端;当频率位于 0.3 kHz～0.1 MHz 时,粒子不仅组装成链并接通微电极对,而且其平均组装速率随频率的变化呈抛物线关系。此外,介电泳组装的最佳电场频率随金纳米粒子的尺寸变化而改变。金纳米粒子尺寸越小,其介电泳组装的最佳速率对应的频率越大,如 100 nm 的金粒子最佳组装频率在 8 kHz 左右;而 10 nm 的最佳组装频率约为 0.1 MHz。图 6-4 的实验数据从实验的角度有力地验证了上一章中图 4-5 的预测和解释,证明了核壳球体极化模型对金纳米粒子介电泳组装频谱特性的描述的合理性和有效性。

实验结果还表明,对于 2 nm 的金粒子,在 6 V_{p-p} 的电势激励下,所有实验频率都未能组装成功。其原因可能包括两个方面,其一是分散于去离子水中的 2 nm 金粒子,在所有电场频率下只受到负介电泳力作用——如前文理论分析结果,而未能由电极边缘往外生长。其二是即使由于核壳球形粒子极化模型得到修正,其受到的正介电泳力仍不足以克服布朗运动、电热流、电渗流、浮力流和重力等因素的综合影响。

6.2.3　2 nm 金纳米粒子的介电泳组实验结果

当核壳球形粒子极化模型得到可能的修正后,2 nm 的金粒子将可能在介电泳力的主导作用下组装成链。为此,根据 4.2 节的理论分析结果,选择电场电势为 16 V_{p-p}。实验分别进行了 40 kHz、100 kHz 和 150 kHz 电场频率下的 2 nm 金粒子介电泳组装。图 6-6 显示了其中代表性的实验结果。

通过数字示波器的监控发现:100 kHz 和 150 kHz 的电场频率下均有发生相应的电势突变;而 40 kHz 电场频率下则未见有明显的电势突变,即金纳米粒子未能被组装连接到电极对两端。然而,进一步的 SEM 成像结果表明,40 kHz 电场频率下 2 nm 的金粒子仍然被组装到电极边缘,并形成清晰可见的线条形状,如图 6-7 所示。这表明此条件

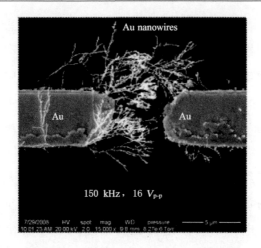

图 6-6　150 kHz 条件下 2 nm 金粒子介电泳组装实验结果的 SEM 成像

下金纳米粒子仍然受介电泳作用组装成线。至于未能连接到电极对两端的原因可能有二：其一，低频的 40 kHz 正好接近去离子水溶液的弛豫频率（$\sigma_m/\varepsilon_m \approx 10$ kHz），此时的电热流流动最小；当频率增加到 100 kHz 和 150 kHz 时，电热流流动增加，且流动的方向由电极表面经电极边缘流向电极间隙。电热流的流动为电极对间隙带来了足够多的金纳米粒子数量，从而有效地满足金纳米粒子介电泳组装成链并连接到电极对两端的需要。其二，溶液的时变温度增幅是与外加电场频率成反比的，即 $\Delta T/T \propto 1/(2\omega)$。当频率增加时，溶液时变温度的增幅将降低，从而有利于金纳米粒子的介电泳组装操作。

　　此外，在这些组装实验中还有一个有趣的现象是：2 nm 金粒子介电泳组装成链的形貌存在明显的分形或树状结构。图 6-8 显示的 100 kHz 电场频率下的金纳米粒子介电泳组装 SEM 成像也存在此现象。这有别于其他尺寸的金纳米粒子。这可能跟 2 nm 金粒子与其他粒子制备所用还原剂不同有关，其深层次的原因仍有待进一步研究。尽管如此，对 2 nm 金纳米粒子的有效的介电泳组装，有力地展现出介电泳卓越的纳米操作组装能力，特别是用于规模化制造尺度更小的纳米传感器单元。

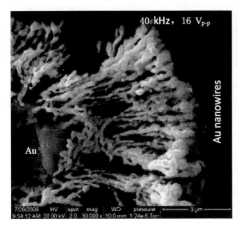 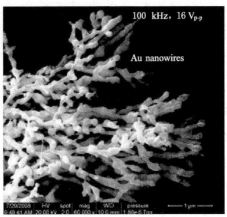

图 6-7 40 kHz 条件下 2 nm 金粒子介电泳　图 6-8 100 kHz 条件下 2 nm 金粒子介电泳
　　　　　组装结果的 SEM 成像　　　　　　　　　　组装结果的 SEM 成像

6.3　金纳米粒子传感单元对气体流量的检测

本节介绍利用金纳米粒子经介电泳组装成链后,作为功能单元用于气体流量的检测,主要是在测量金纳米粒子的电阻温度系数的基础上,观察其对不同气压的气体产生的响应特性。通过与金微米线的对比研究显示,金纳米粒子作为气体流量传感单元具有更优越的特性。

6.3.1　金纳米粒子的电阻温度系数

金纳米粒子的电阻温度系数(Temperature Coefficient of Resistance,TCR)是指温度每升高 1 度,电阻增大的百分数。实际应用中,通常采用平均电阻温度系数,定义为

$$TCR = \frac{(R_T - R_0)}{T - T_0} = \frac{\Delta R}{T - T_0} \qquad (6\text{-}1)$$

其中,R_0 是温度 T_0 时的电阻;R_T 是温度 T 时的电阻。

金纳米粒子电阻温度系数的测量是将金纳米粒子传感芯片封装在一个印刷电路板,随后放入一个可编程的温控箱(购自德国Binder公司的 KBF-115)内,通过 5 次循环测量环境温度从 20 ℃变化到 80 ℃时的电阻变化,利用公式即可计算出其电阻温度系数。金纳米粒子电阻温度系数的测量结果如图 6-9 所示。可见,金纳米粒子的电阻温度系数约为 0.1%/℃。金纳米粒子气体流量检测的基本原理是:气体流经传感单元时,不同流速的气体带走环境的热量不同,导致环境温度产生变化,从而引起金纳米粒子的电阻发生相应的变化。

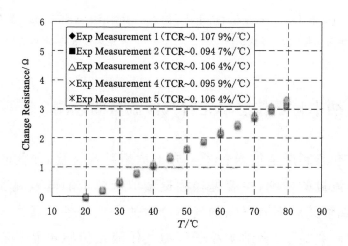

图 6-9　金纳米粒子随温度的电阻变化和其电阻温度系数

6.3.2　气体流量的检测实验

进行气体流量检测的实验装置如图 6-10 所示。压缩空气通过一根内径 3 mm、长度 348 mm 的塑料管吹向传感单元,塑料管出风口正对传感单元,且两者相距小于 3 mm。传感单元与一台源表串联,源表即为传感单元提供恒定电流,同时又实时测量传感单元两端的电压变化。实验中,设定流经金纳米粒子的恒定电流为 40 μA。

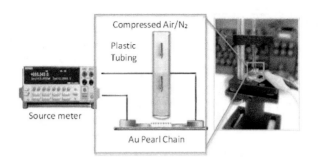

图 6-10　气体流量检测的实验装置结构

　　当压缩空气的压强以 10 kPa 的增幅从 100 kPa 变化到 170 kPa 时,金纳米粒子的相对电阻变化如图 6-11 所示。实验结果表明,在气体流经传感单元的开始和结束时刻,金纳米粒子的相对电阻变化量出现明显的跳变;当气体压强增加时,此变化量也随之增加。通过 3 次实验结果的平均数据显示,金纳米粒子的相对电阻变化量与气体压强呈线性关系,如图 6-12 所示。

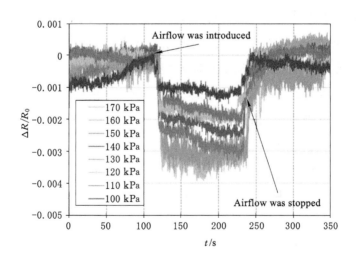

图 6-11　压缩空气下金纳米粒子的相对电阻变化

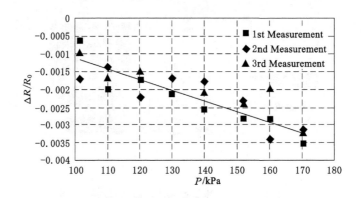

图 6-12　金纳米粒子的相对电阻变化与气体压强的关系

6.4　碳纳米管的介电泳组装实验研究

碳纳米管介电泳组装所用的平面微电极对是在玻璃基底上加工制作而成的,如图 6-13 所示。首先,在经过清洁干燥后的玻璃基底表面分别蒸镀 100 nm 的铬和 300 nm 的金;在蒸镀的金属表面旋涂光刻胶,随后通过光学曝光转移掩膜板的电极图案至光刻胶层;曝光后的光刻胶通过显影露出金属电极表面;通过化学刻蚀的方法分别刻蚀暴露出来的金属;最后,通过去除剩余的光刻胶完成平面微电极系统的制作。本实验设计的电极宽度为 4 μm,电极对间隙为 5μm。

实验用碳纳米管是 Brewier Science Inc. 的超纯电子级碳纳米管 electronic-grade carbon nanotube 或 EG-CNT,其长度约为 10 μm,半径约为 10 nm。

碳纳米管的介电泳组装实验系统结构如图 6-14 所示。其步骤是:首先,取约 50 mg 的 EG-CNT 粉末,通过超声波分散于 500 mL 的去离子水中;随后,稀释 EG-CNT 溶液到 0.01 mg/mL 的浓度备用;接着,将平面微电极芯片放置并固定在一个真空泵底座表面;利

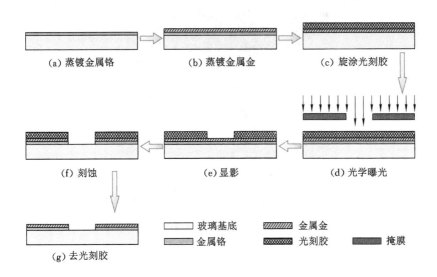

图 6-13　基于微加工工艺的玻璃基底微电极制作过程

用固定在微操作台上的气冲注射器注射 10 μL 的 EG-CNT 溶液于微电极对间,并立即在微电极间通过两根微探针施加 16 V_{p-p}、1 MHz 的电势。不同平面微电极对间进行碳纳米管的介电泳组装实验的结果显示有很好的重复性。图 6-15 显示了其中较为典型的碳纳米管介电泳组装实验结果的 SEM 成像。

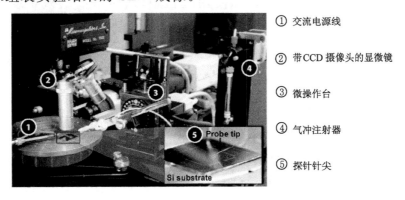

① 交流电源线

② 带 CCD 摄像头的显微镜

③ 微操作台

④ 气冲注射器

⑤ 探针针尖

图 6-14　碳纳米管介电泳组装的实验系统结构

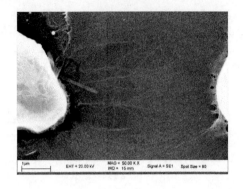

图 6-15　碳纳米管介电泳组装结果的 SEM 成像

6.5　碳纳米管对次氯酸钠的检测实验

连接到微电极对间的碳纳米管可用作各种化学成分的传感单元。在上述介电泳组装的碳纳米管电路基础上,本节讨论其作为次氯酸钠传感器的实验研究。次氯酸钠作为一种批量生产的化学品广泛用于市政用水、污水、食品工业、纸浆和制纸企业的漂白和消毒。次氯酸钠是一种腐蚀性的强氧化剂,它可刺激人的眼睛和皮肤。在次氯酸钠的生产、销售、储存和使用过程中,次氯酸盐的残留或泄漏都可能给周围的水、土壤和空气等带来永久性的污染,严重危险人类的生命财产安全。因此,实现对次氯酸钠的微量甚至更少量的检测具有重要的科学意义。

基于碳纳米管的电特性来检测化学成分的基本原理可统一由下式描述:

$$CNT + Molecule \rightarrow CNT^{\delta e} Molecule^{\delta +} \ or \ CNT^{\delta +} Molecule^{\delta e} \quad (6\text{-}2)$$

其中,e 表示带负电荷的电子;而 + 表示带正电荷的空穴;δ 为电荷数量。式(6-2)显示,当碳纳米管与化学分子间发生电荷转移时,碳纳米管将带上正电荷或负电荷,从而引起其电导的变化。碳纳米管检测次氯酸钠的本质可能是:作为一种氧化剂的次氯酸钠在与碳纳米管相互作用时,倾向于从碳纳米管表面获得电子,从而引起可供检测的碳纳米管电导的增加。

6.5.1　实验设置和方法

图 6-16 显示了基于碳纳米管传感芯片的次氯酸钠检测实验装置结构。为防止实验过程中次氯酸钠的泄漏和污染,碳纳米管传感单元被集成到一 PDMS 制成的微流管道内。次氯酸钠溶液通过气泵注入微流管道,在流经碳纳米管传感单元后通过微流管道出口再次被收集起来。碳纳米管传感单元对次氯酸钠的响应信号通过与其串联的源表进行记录和显示。其中,包含碳纳米管传感单元的 PDMS 微流管道的制作工艺过程如图 6-17 所示。

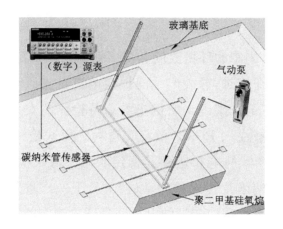

图 6-16　基于碳纳米管传感芯片的次氯酸钠检测实验装置结构

实验中的注射气泵是产自美国 Kleoehn Ltd 的 Versapump 6,其每次注射的最小量约为 5.2×10^{-2} μL,因此可精确控制次氯酸钠溶液的流量。源表为产自美国 Keithley Inc. 的 Keithley2400,可产生所需的检测电流且可将检测到的碳纳米管电导通过其输出接口连接到计算机以供数据处理。碳纳米管对次氯酸钠溶液的检测是在恒电流模式下进行的。

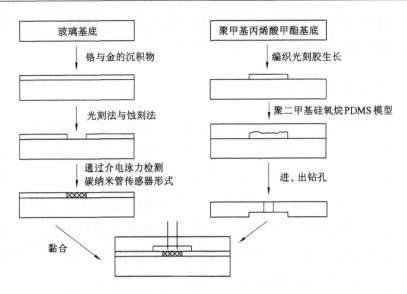

图 6-17　包含碳纳米管传感单元的 PDMS 微流管道制作工艺过程

实验过程中,周围的环境温度和湿度被分别控制在 24 ℃ 和 50％ 的恒定条件。实验开始时,源表产生的恒定电流首先激活碳纳米管传感单元,同时也即时记录碳纳米管的电导。待检测的次氯酸钠溶液以控制的速率和流量被注入 PDMS 微流管道内。每次检测过程持续约 20 min 以保证碳纳米管的电导达到其稳定状态。每次检测之后,通过紫外光照射处理碳纳米管传感单元,以便进行下一次重复性检测。紫外光照射处理的时间以碳纳米管的电导恢复到检测前的水平为止。

6.5.2　实验结果和讨论

在碳纳米管传感单元用于检测次氯酸钠之前,需要获得其稳定的电导。为此,在 60～80 ℃ 的炉中加热处理碳纳米管传感单元数小时。退火处理后的碳纳米管传感单元的电流-电压关系曲线(I-V Curve) 检测结果表明,室温环境下的不同碳纳米管传感单元的电阻从几百欧姆到几万欧姆变化。这其中的原因可能是每个碳纳米管传感单元内包含的 EG-CNT 的数量和浓度不等引起的。典型的碳纳米管传感单元 I-V

Curve 如图 6-18 所示。可见,碳纳米管传感单元的电导呈现非线性变化,其非线性特征开始出现于电流约 50 μA。非线性的 *I-V* 关系可能是由碳纳米管电导的温度漂移引起的:当电流增大时,碳纳米管的电阻发热引起了其电导的非线性变化。因此,为了避免影响次氯酸钠溶液的检测,实验中的恒定电流限制在 10 μA 以下,也就是说施加在碳纳米管传感单元的电功率将不能超过 500 nW。

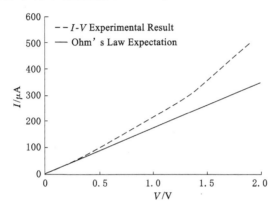

图 6-18　典型碳纳米管传感单元的 *I-V* Curve

　　为研究不同碳纳米管传感单元检测次氯酸钠的可重复性,利用同一个微流管道内的 3 个碳纳米管传感单元同时对 2 ppm 次氯酸钠溶液进行检测,其典型响应规律如图 6-19 所示。

　　次氯酸钠的流速是 1.04 m/s,注射的量是 55 μL。注射的过程只有几秒钟,因此所有的响应可认为是在静态条件下检测的。在开始检测次氯酸钠时,每个碳纳米管传感单元的初始电导数值不等(传感单元 A、B、C 的电导分别为 38 μS、20.8 μS、0.14 μS)。因此,为使所有传感单元的初始电功率均为～100 nW,需调整相应的恒定激励电流。由源表的在线实时监测显示,在注入次氯酸钠溶液之前,传感单元的电导随机浮动的幅度小于 0.1%。一旦溶液流经传感单元时,其电导随即急剧增加,且在最初的几十秒时间内达到最大值,但随后逐渐减小并维持相当长的一段时间。图 6-19 还表明,不同的碳纳米管

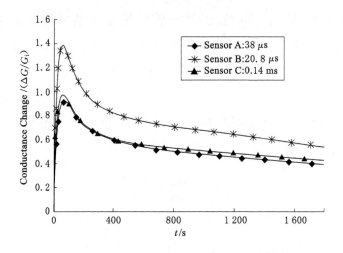

图 6-19　不同碳纳米管传感单元对同一次氯酸钠溶液的响应

传感单元对同一次氯酸钠溶液有相似的响应变化规律,唯一的区别只是响应幅度的差异。

　　为表明图 6-19 显示的数据是由碳纳米管传感单元的电导变化产生的,一对未组装有 EG-CNT 的微电极对也参与了次氯酸钠溶液的检测。该电极对上的源表监测数据记录表明只有开路的噪声存在,这是因为电极对间的去离子水和次氯酸钠的电导很小,与 EG-CNT 的电导相比可以忽略不计。

　　为测试碳纳米管传感单元对次氯酸钠浓度的响应特性,选用 1 个电导为 2.9 μS 的碳纳米管传感单元,分别检测浓度由 5 ppb 变化到 32 ppm 的次氯酸钠溶液。次氯酸钠溶液的注射速度为 1.04 m/s,注射量为 18 μL。图 6-20 显示了碳纳米管传感单元对 1/32 ppm 到 8 ppm 次氯酸钠溶液的检测结果。比较图 6-19 和图 6-20,当次氯酸钠浓度由 1/32 ppm 变化到 8 ppm 时,碳纳米管传感单元都能清晰地显示其检测的响应输出,唯一的区别在于响应峰值及其过调量持续时间的不同。随着次氯酸钠浓度的增加,碳纳米管传感单元的相对电导变化量也随之增加,电导变化量过调量的持续时间也随之明显增加。此外,达到响应峰值的时间也随浓度增加而有所增加。

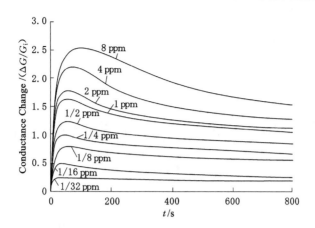

图 6-20　碳纳米管传感单元对 1/32 ppm 到 8 ppm 次氯酸钠溶液的
灵敏性(曲线从下往上)

第7章 机器人化纳米操作系统 驱动与定位研究

　　机器人化纳米操作系统的驱动元件为管式压电陶瓷驱动器,其结构如图7-1所示。管式驱动器主体部分(中间银色部分)为一中空的压电陶瓷管,压电陶瓷管下端固定于基座上,上端为自由端,其上装有样本台,样本置于样本台上。压电陶瓷管的内外壁都镀有金属膜,外壁均匀对称地沿轴向刻为 4 个电极,其中相对的两个电极成对使用,施加极性相反、大小相等的电压,压电陶瓷管产生弯曲,从而实现水平方向的扫描运动;对压电陶瓷管的内壁施加电压,陶瓷管伸缩,产生 Z 向运动。由于上端自由,压电陶瓷管运动时带动其上的样本相对于基部固定的探针运动,由于探针受到样本对其作用力,探针的悬臂还会产生变形,这样压电陶瓷驱动器-样本-探针三者组成驱动系统,其运动学模型如图 7-2 所示。

　　从对压电陶瓷驱动器施加电压到最终探针尖端运动到指定位置,其探针尖端的定位过程与宏观机器人(如由电机＋连杆＋柔性末端执行器组成)类似,在探针针尖的定位过程中会产生各种误差,体现在如下三方面:一是压电陶瓷驱动器虽然具有分辨率高、响应快等优点,但由于其存在迟滞/非线性因素,会引入迟滞等误差;二是由于压电陶瓷驱动器管式结构及弯曲运动的特点,其水平与垂直方向运动之间会产生耦合,从而带来运动学耦合误差;三是 AFM 探针悬臂为一柔性杆件,其在操作时由于受样本作用会产生柔性变形,此柔性变形会影响探针针尖的定位精度。针对此三方面因素,本章分别对其进行详细分析,并研究相应的驱动与补偿方法,以提高探针针尖的定位精度。

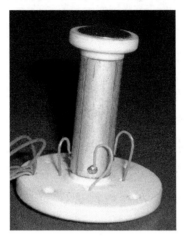

图 7-1　管式压电陶瓷驱动器

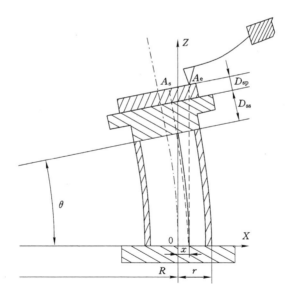

图 7-2　驱动器-样本-探针系统运动学模型

7.1 压电陶瓷驱动器电压-位移非线性分析与驱动方法

7.1.1 纳米操作 Z 向驱动电路

原 AFM 系统主要用于进行扫描成像，为利用 AFM 进行纳米操作，需要引入纳米操作控制功能，且要求系统在扫描成像时不能加入操作控制命令，操作时也不能加入扫描成像命令，即要求此二功能互相独立。除软件上将成像与操作功能设置为单独功能模块外，针对原 AFM 驱动电路，还需要对压电陶瓷驱动电路的 Z 向驱动部分进行改造。

7.1.2 驱动器位移-电压的非线性特性分析

虽然压电陶瓷驱动器具有分辨率高、响应快等优点，但由于材料内部微粒极化原因及分子间摩擦力等特点，其位移-电压之间关系表现为迟滞/非线性特性，位移输出不仅与当前所加电压有关，而且与电压的转折点（或施加电压的历史过程）有关，表现为多值非线性，电压-位移关系描述如图 7-3 所示。

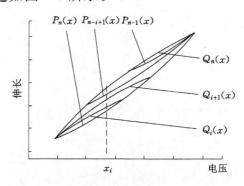

图 7-3 压电陶瓷驱动器驱动电压-位移关系曲线

由于上述特殊的电压-位移非线性特性，实现其高精度定位控制成为了利用压电陶瓷驱动器进行精密工作台驱动、微/纳米操作驱动需要解决的一大难题,对此,长期以来一直有研究人员不断进行探索与研究。

一方面,研究人员基于各种微位移检测器,探索了各种闭环控制方法,如利用电阻、电容、电感以及光学等传感器检测其驱动器微位移,并用于对其进行反馈控制。但对于上述方法,由于其在纳米高精度量级上检测系统的复杂性以及在检测与采集如此微小信号的情况下各种干扰因素的影响,造成其精度、可靠性等指标等都有待进一步提高,而且还需利用精度/可靠性更高、能溯源到物理标准(如标准光栅、原子间距等)的检测设备来对其进行校准。另外,即使上述各种传感器能实现驱动器微位移的高精度检测,由于它们在实际安装与使用中也仅针对样本台上某固定点进行位移检测,并将该检测值作为驱动器的整体位移,对于三轴独立运动无耦合的驱动器而言,这样处理具有合理性,但针对常规 AFM 系统所用管式驱动器,由于其三轴非独立运动会带来运动学耦合误差以及探针悬臂变形引起的探针针尖偏移误差等因素,所测得的位移并非驱动器(相对于探针)在三轴方向上的真正位移。所以,针对 AFM 所用管式驱动器,利用上述微位移传感器进行检测与反馈驱动的意义有限。

另一方面,也有学者从建模出发探索开环控制方法,建立了一些模型并提出了相应的控制方法,其中比较受人关注的有 Preisach 模型及其变形形式。Preisach 模型基本思想是:整个驱动过程可视为有限个相互关联的部分,在各部分的相互影响下,整个驱动特性可表述为式(7-1):

$$d(t) = \Gamma v(t) = \iint\limits_{\alpha \geqslant \beta} mu(\alpha, \beta) \gamma_{\alpha\beta} v(t) \mathrm{d}\alpha \mathrm{d}\beta \tag{7-1}$$

其中,$v(t)$ 为输入;$d(t)$ 为输出;$u(\alpha, \beta)$ 为权函数;$\gamma_{\alpha\beta}$ 为单元迟滞算子;α, β 为上升和下降过程输出为零时对应的输入值。Preisach 模型及公式也表明,驱动器输出不仅与当前输入有关,还与施加电压的过程等有关。

  基于 Preisach 模型，P. Ge 等将前馈与 PID 反馈控制方法结合起来进行位置控制，获得了约 3.5％ 的相对定位误差；W. S. Galinaitis 等运用 KP 算子建模并开环控制压电陶瓷驱动器，获得了 3.9％ 的相对定位误差。由于基于 Preisach 模型的驱动方法要求迟滞算子满足抹除特性、同一特性、对称特性与台阶特性等四种特性，条件苛刻且），（βαu 权函数未知，需要通过大量实验来进行参数的整定，且当外加载荷等条件变化时参数不再适用，需要重新进行繁琐的参数整定过程。另外，基于 Preisach 模型的控制还忽略了压电陶瓷材料的另一重要特性，即位移还与电压变化速率有关，此特性由 R. C. Smith、W. Ang 等证明，电压—位移之间的率相关特性（当速率变化大时此效应很明显）如图 7-4 所示。

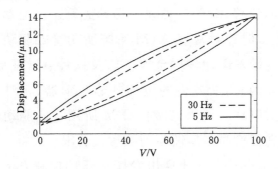

图 7-4　压电陶瓷驱动器非线性特性的率相关性

7.1.3　基于复现扫描轨迹的驱动方法

  对于任意扫描区域，扫描成像时 X 向电压将始终在指定起始电压与指定终止电压之间往复变化，这样驱动器也相应在起始位置与终止位置之间往复运动（加上 Y 向的步进运动而形成 X-Y 面的光栅式扫描运动），取 X 向电压上升或下降单一变化方向时施加在驱动器 Z 向的反馈驱动电压，并结合 X-Y 向驱动电压，就可形成相应的扫描成像图。

　　图 7-5 所示为在实验室温度稳定且 AFM 预热一段时间（目的是
使驱动器工作温度稳定以减小热漂移）及隔离机械振动、空气扰动等
的情况下，三任意区域的扫描成像图（成像图上横坐标为电压）。

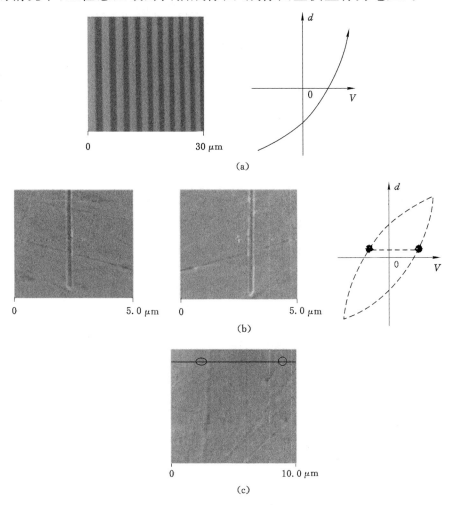

图 7-5　任意区域成像时的压电陶瓷驱动器电压-位移特性实测图

(a) 标定光栅的扫描图　非线性特性；

电压从低到高扫描图　电压从高到低扫描图　迟滞特性

（标志线长 285 像素）　（标志线长 267 像素）

(b) 同一区域不同电压变化方向时的扫描图；

(c) 同一区域的连续扫描图（圆圈所指为标志位，黑线处为第二次扫描时的扫描线位置）

其中,图 7-5(a)为等间隔标定光栅的扫描成像图,从该图可以看出,对于相同间隔的光栅(位移)表示它的电压不同,则电压-位移之间为非线性;图 7-5(b)为对相同扫描区域,电压从低到高(上升方向)及从高到低(下降方向)变化时的扫描成像图,从该图可以看出,针对不同的加压方向,对于相同的物理长度表示它的电压不同(标志线长度不同),此即为电压-位移之间的迟滞特性;图 7-5(c)为对任意区域的连续成像,从其中标志位可以看出,连续扫描图重合性很好,可见扫描成像时(从固定的电压转折点且电压变化方向单一时),驱动器具有很高的重复定位精度。

根据上述分析则可以得出:对于任意扫描区域,扫描时其上升曲线与下降曲线均为非线性曲线,由于去除了驱动器的热漂移等干扰因素,扫描时驱动器重复定位精度很高,其上升或下降曲线均唯一,从而形成单一闭环非线性曲线(迟滞回线),如图 7-6 所示。

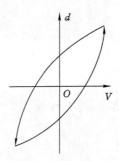

图 7-6　任意区域扫描时压电陶瓷驱动器的电压-位移单一闭环曲线

7.2　三维纳米力反馈与控制实验

为验证纳米操作系统三维力反馈的有效性,根据上述力分析与检测方法,在所研制的机器人化纳米操作系统上,可执行具有实时三维力反馈与控制的纳米操作,如图 7-7 所示。

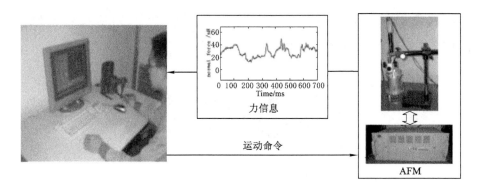

图 7-7　具有实时三维纳米力反馈与控制的纳米操作

操作时,AFM 控制用 PC 机中的 A/D 板实时采集 PSD 检测到的悬臂变形信号,并将此信号通过网卡送到力/触觉设备控制用 PC 机中,在此 PC 机中根据力计算公式得出三维纳米力的大小,经比例放大后送回力/触觉设备,操作者借助其操作手柄就可获得实时的力感知,并据此力反馈信息,操纵操作手柄输出运动命令对施加在探针上力的大小与方向以及探针的运动轨迹进行在线调节与控制。

利用 MickoMasch 公司的 NSC15-F5 型探针(针尖半径约为 10 nm,锥形角小于 $30°$,其截面为矩形,力常数为 38.6 N/m),在三维纳米力信息的辅助下,进行了纳米刻画与多壁碳纳米管(multi-wall nanotube,MWCNT)的推动操作实验。

7.2.1　纳米刻画实验

针对聚碳酸酯基片,进行了字母"SIA"的纳米刻画实验,刻画结果如图 7-8 所示。在刻画字母"S"的过程中,记录下探针所受法向力和 X 向水平力,如图 7-9 所示。

从图 7-9(a)可以看出,由于此处选用的聚酯材料相对较硬而不易刻入,造成人手不可避免的轻微抖动,操作力也随之出现一定范围的抖动,但整体而言法向力大致控制的较均匀(在 100～150 nN 之间),所得到的刻痕深浅也较均匀(由于法向力的抖动刻痕也出现了相应现象,其中"S"字母的开头及结尾处刻痕较深,对应探针沿轴向前推,在机器人学领域对应"奇异点",刻画深度难控制),如图 7-8(b)所示。

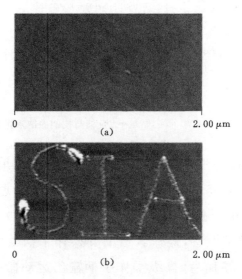

(a)

(b)

图 7-8　在聚碳酸酯上进行纳米刻画

(a) 刻画前成像;(b) 刻画后成像

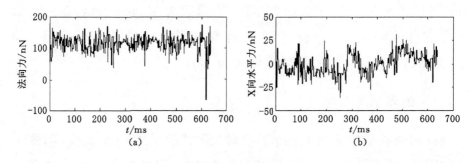

(a)

(b)

图 7-9　刻画字母"S"中获得纳米力

(a) 法向力;(b) X 向水平力

从刻画实验可以得知,在刻画过程中可以实时感知作用在探针上力的大小及感知基片被刻画的情况,并在线调整刻画力的大小/方向及其刻画轨迹,实现对纳米刻画过程的在线控制,使操作的成功率、效率及灵活性得以提高,并可避免探针等因受力过大而损坏。

7.2.2　MWCNT 操作实验

对于直径约为 100 nm、长度约为 5 μm 的 MWCNT(中科院金属研究所提供),进行推动实验。实验时取少量 MWCNT 置于乙醇中,经超声分散后滴于聚碳酸酯表面,在 5 μm 范围内扫描成像后,在力反馈信息的辅助下进行推动操作,操作结果如图 7-10 所示。

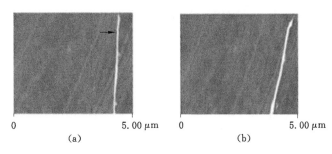

图 7-10　MWCNT 推动操作

(a) 推动前成像图(箭头所指为操作处);(b) 推动后成像图

进行操作的同时,记录下 MWCNT 推动过程中探针的受力,如图 7-11 所示。

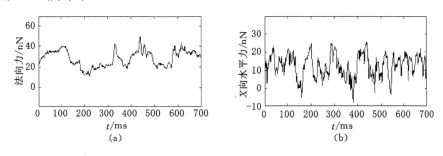

图 7-11　推动 MWCNT 中获得的纳米力

(a) 法向力;(b) X 向水平力

从图 7-11 可看出,推动过程中的法向力基本控制在 20～40 nN 之间,力的大小控制得比较均匀;而 X 向水平力(MWCNT 推动方

向)也相应处在 0～20 nN 之间,表明探针受 X 向力基本为一个方向
(正负表示不同方向的力),为向同一方向进行的推动,这与图 7-10 所
示的 MWCNT 操作结果相一致。

MWCNT 的操作实验表明,操作者在操作过程中不仅能实时感
知探针对 MWCNT 作用与否及作用在 MWCNT 上力的大小,并据此
实时调节施加力的大小与方向以及探针的操作轨迹,对操作的中间
过程以及操作结果进行在线控制,大大提高纳米操作的成功率、效率
及灵活性,并可避免探针等因受力过大而损坏。

第 8 章　基于混合纳米材料电子鼻制造研究

　　微结构气敏传感器与电子鼻是近年来国际上传感技术领域的研究热点。微结构气敏传感器是利用微电子、微机械加工和薄膜技术将测温电阻、测量电极和敏感薄膜集成一体的新一代气敏元件,具有低功耗、易集成易智能化等优点。纳米材料具有高的比表面积、高的电导率、丰富的孔隙结构,高表面能和稳定的理化性能,对气相化学组分有很强的吸附和解吸能力,这种特有性能使之在气体传感器方面具有广阔的应用前景,利用纳米材料可研制出响应速度快、灵敏度高、选择性强的气体传感器。

　　电子鼻主要是利用敏感体的活性材料与气体作用时,其导电率会发生变化的原理制成的,电阻值降低多少与气体的浓度有关,这样,通过两电极之间的电阻变化就可确定还原性气体的数量。活性材料主要有 ZnO 纳米线、CuO 纳米线及 SWCNTs 等,它可以对多种气体响应,其优点是结构简单、易小型化、寿命长、价格便宜、可靠性高、灵敏度高、响应速度快、一致性好、适用范围宽,故在电子鼻系统中应用更为广泛,是目前应用最多的一种气敏传感器。本书采用 ZnO 纳米线、CuO 纳米线及 SWCNTs 三种混合材料的气体传感器对一些氧化性气体和还原性气体具有很高的灵敏度,比如 NH_3、NO_2、NO、SO_2、H_2S 等,对有机蒸气也有很高的反应性,如甲醛、乙醇、CH_4、四氢呋喃、环己烷、苯、甲苯等,这为纳米气体传感器的广泛应用提供了良好的应用条件。单个传感器对一种气体产生一个响应,而由 N 个传感器组成的阵列对一种气体的响应便构成传感器阵列对该气体的响应谱,每种气体都有它的特征响应谱,根据它就可以区分不同的气体。可见,选择性能良好的传感器和合适的传感器阵列对电子鼻的性能至关重要。

通过前面纳米器件的规模化装配制造实验研究基础,且装配成功率很高的情况下,会获得大量的纳电子器件,这为纳米电子鼻研究提供了前提。本章开展了搭建基于实时反馈的纳电子器件规模化装配实验平台,基于 ZnO 纳米线、CuO 纳米线及 SWCNTs 三种混合材料纳电子器件(电子鼻)装配技术等研究,并进行了电特性检测。

8.1 基于实时反馈的纳电子器件规模化实验平台搭建

在利用浮动电势介电泳装配规模化的纳电子器件过程中,利用可调节的精密三维自动化移动平台、驱动信号闭环电路控制系统、高分辨显微视觉辅助系统等作为实验系统;电场所需的交变电压信号及频率通过探针施加,浮动电势介电泳参数如电压、频率、持续时间等都根据闭环纳电子器件装配控制系统实时获取,并结合仿真结果及实验情况来调节与监控;在进行纳电子器件批量化装配前,还要对 ZnO 纳米线、CuO 纳米线及 SWCNTs 三种混合材料做预处理实验,以减少一维纳米线材料之间的相互缠绕,获得分散在溶液中呈单根的大量 ZnO 纳米线、CuO 纳米线及 SWCNTs 三种混合材料样本。本研究将继续采用前期摸索的成功分散方法,来满足批量化装配时对 ZnO 纳米线、CuO 纳米线及 SWCNTs 三种混合材料数量的需求;本研究将利用已掌握的微流控技术对 ZnO 纳米线、CuO 纳米线及 SWCNTs 三种混合材料进行定位、定量的预装配。微流控终端执行器在显微视觉监控下自动移动到目标电极间隙处,保持预先设定滴定的高度,并通过微泵控制滴定的输出量,如图 8-1 所示。基于实时反馈的纳电子器件规模化装配平台如图 8-2 所示。

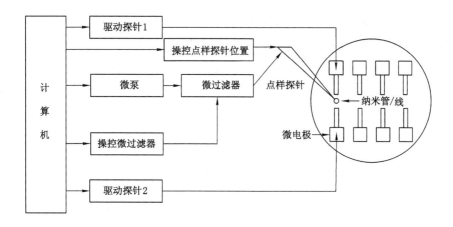

图 8-1　自动化控制位置移动装配示意图

图 8-2　基于实时反馈的纳电子器件规模化装配平台

8.2　基于实时反馈的纳电子器件规模化实验

8.2.1　纳电子器件自动化装配实验研究

由于源漏电极间的距离约为 1 μm，在电路中等效为电容，因此在没有搭接介质（如 ZnO 纳米线、CuO 纳米线、SWCNTs 等）时，交流信号可以通过电极传输，直流信号将被阻隔。当介质搭接在电极两端时，电极和介质可以等效为一个电阻，这样交直流信号就都可以传输。

当采用闭环浮动电势介电泳装配时,通过信号发生器施加一个交直流叠加的驱动信号,其中交流信号作为驱动信号,图 8-3 为无纳米管线搭在电极两端时,示波器的波形图(峰峰值 10 V,频率 500 kHz～3 MHz;直流偏置信号作为检测信号,偏置电压为 5 V)。当纳米管线搭在源漏电极的瞬间,会出现电压直流偏置的跳变,如图 8-4 所示。因此,当出现这个跳变电压时,就表明电极装配成功,同时记录这个跳变瞬间的频率值,就可以得到有效驱动频率的范围。

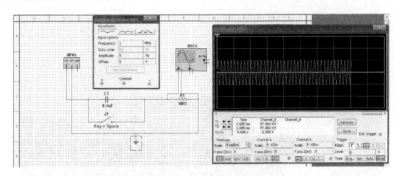

图 8-3　装配前示波器的波形图

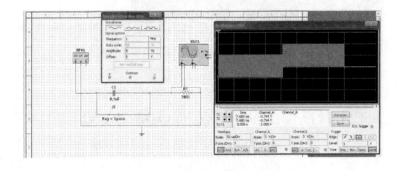

图 8-4　装配后示波器的波形图

利用三维电动平台(Newport 公司)通过使用 Labview 语言来实现 XYZ 三个方向快速、可靠、可重复运动,其自动化移动平台控制平台如图 8-5 所示。此平台根据设定的要求操控电动平台的移动距离、速度和方向等。

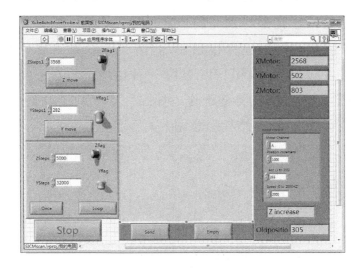

图 8-5　自动化移动平台控制窗体

通过第三章的浮动电势介电泳装配实验方法,利用自动化移动平台成功装配了纳电子器件,如图 8-6 所示。

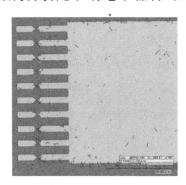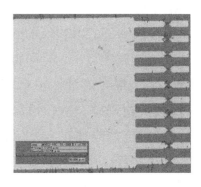

图 8-6　纳电子器件自动化装配结果

8.2.2　基于实时反馈的纳电子器件自动化装配实验研究

传统的电子鼻以半导体氧化物为主,但其较高的工作温度限制了它的发展。纳米结构材料由于能够降低工作温度,消耗更少的能量以及操作更安全等优势已被广泛用于制作气体传感器。纳米结构材料最主要的特征就是特别高的比表面积,这将有利于传感器的检测层与被检测气体之间充分接触,从而增加传感器的灵敏度。由于ZnO 纳米线、CuO 纳米线和 SWCNTs 三种纳米材料对不同气体的吸附反应不同,所以本研究将基于这三种混合溶液制成电子鼻,为进一步应用提供有效保障,其结构示意图 8-7 所示。

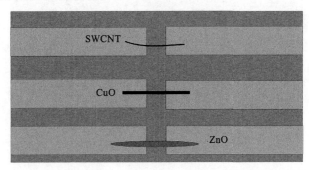

图 8-7　基于 ZnO 纳米线、CuO 纳米线和 SWCNTs 混合溶液电子鼻结构示意图

根据第三章所述的装配方法,先将 SWCNTs 溶液预处理后,再将 ZnO 纳米线和 CuO 纳米线放入 SWCNTs 溶液中超声 40 min,静置 20 min 后再超声 30 min,即得预处理后的 ZnO 纳米线、CuO 纳米线和 SWCNTs 混合溶液。根据前两章仿真及作者本人前期纳电子器件装配的实验基础,SWCNTs 装配的施加频率在 1~2 MHz,ZnO 纳米线装配的施加频率在 1.2~2.5 MHz,CuO 纳米线装配的施加频率在 0.9~2 MHz,所以实验施加频率在 500 kHz~3 MHz,待续时间为 8 s,并进行实时扫频,达到自动化装配的目的,结果如图 8-8 所示。因为三种纳米管线装配上的频率不同,每一时刻所受的介电泳力也不同,所以在扫频时会出现不同电极装配成功的情况。不同的纳米管线对气体分子的吸附能力不同,而在吸附后纳米管线的电学结构变化也就不同。所以当氧化性气体、还原性气体通过基于混合纳米材料构成的电子鼻(气体传感器)时,实时检测纳米材料电导性不同的变化情况,就能够获得被测气体成分。同时,纳米材料本身具有比

其他材料更高的灵敏度和更好的比表面积,所以基于混合纳米材料制成的电子鼻具有更广阔的应用价值和前景。

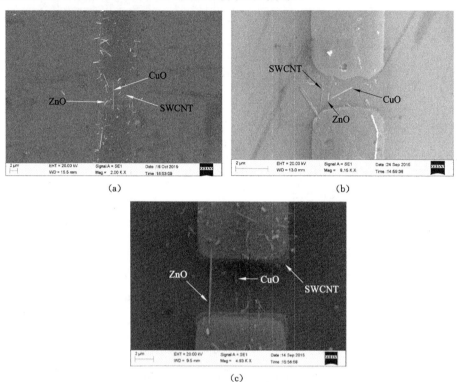

图 8-8　ZnO 纳米线、CuO 纳米线和 SWCNTs 混合纳米材料器件装配结果

(a) 装配上 CuO 纳米线;(b) 装配上 SWCNTs;(c) 装配上 CuO 纳米线

参 考 文 献

[1] YAN H, CHOE H S, LIEBER C M, et al. Programmable nanowire circuits for nanoprocessors[J]. Nature, 2011, 470(2): 240-244.

[2] PAUL M. Nanoscience vs Nanotechnology-Defining the Field[J]. Acs Nano, 2015, 9(3): 2215-2217.

[3] ERANNA G, JOSHI B C, RUNTHALA D P. Oxide materials for development of integrated gas sensors - a comprehensive review[J]. Critical Reviews in Solid State and Materials Sciences, 2004, 29(3): 111-188.

[4] GAO R, STREHLE S, TIAN B, et al. Outside looking in: nanotube transistor intracellular sensors[J]. Nano Letter, 2012, 12(5): 3329-3333.

[5] LIU J, KOPOLD P, MAIER J, et al. Energy Storage Materials from Nature through Nanotechnology: A Sustainable Route from Reed Plants to a Silicon Anode for Lithium-Ion Batteries[J]. Angewandte Chemie. 2015, 127(33): 9768-9772.

[6] NEL A E, PARAK W J, CHAN W C, et al. Where Are We Heading in Nanotechnology Environmental Health and Safety and Materials Characterization[J]. Acs Nano, 2015, 9(6): 5627-5630.

[7] YUE C Y, ZHAO S L, KUZMA J. Heterogeneous Consumer Preferences for Nanotechnology and Genetic-modification Technology in Food Products[J]. Journal of Agricultural Economics,2015, 66(2) : 308-328.

[8] VIRENDRA S, DAEHA J, LEI Z. Graphene based materials: Past, present and future[J]. Progress in materials science, 2011,56(8): 1178-1271.

[9] YAN L, ZHENG Y B, ZHAO F. Chemistry and physics of a single atomic layer: strategies and challenges for functionalization of graphene and graphene-based materials [J]. Chemical society reviews,2012,41(1): 97-114.

[10] ADAM E, AGUIRRE C M, MARTY L, et al. Electroluminescence from single-walled carbon nanotube network transistors[J]. Nano Lett,2008, 59(8):2351-2355.

[11] LEE S W, YABUUCH N, GALLANT B M, et al. High-power lithium batteries from functionalized carbon-nanotube electrodes [J]. Nature nanotechnology, 2010, 116 (10): 1038-1044.

[12] YU H B, TIAN X J, DONG Z L, et al. Fabrication of Schottky Barrier Carbon Nanotube Field Effect Transistors Using Dielectrophoretic-Based Manipulation[J]. Journal of nanoscience and nanotechnology, 2010, 10 (11): 7000-7004.

[13] HAN C, XIANG D, ZHENG M R, et al. Tuning the electronic properties of ZnO nanowire field effect transistors via surface functionalization[J]. Nanotechnology, 2015, 26(9): 095202-095206.

[14] HONG W K, YOON J W, LEE T. Hydrogen plasma-me-

diated modification of the electrical transport properties of ZnO nanowire field effect transistors[J]. Nanotechnology, 2015, 26(12): 125202-125207.

[15] IIJIMA S. Helical microtubes of graphitic carbon[J]. Nature, 1991, 354(11):56-58.

[16] JIANG W, GAO H, XU L L. Fabrication and electrical characteristics of individual ZnO submicron-wire field-effect transistor[J]. Chinese Physics Letters, 2012, 29 (3): 037102.

[17] YAO Z N, SUN W J, LI W X, et al. Dual-gate field effect transistor based on ZnO nanowire with high-k gate dielectrics [J]. Microelectronic Engineering, 2012, 98 (7): 343-346.

[18] GUNHO J, HONG W K, CHOE M, et al. Proton irradiation-induced electrostatic modulation in ZnO nanowire field-effect transistors with bilayer gate dielectric [J]. IEEE Transactions on Nanotechnology,2012, 11(5): 918-923.

[19] NARGES K, RAZAVI R S. Characterization and optical property of ZnO nano-, submicro and microrods synthesized by hydrothermal method on a large-scale[J]. Superlattices and Microstructures,2012, 52(7): 704-710.

[20] SUBRAMANIAN A, DONG L X, THARIAN J, et al. Batch fabrication of carbon nanotube bearings[J]. Nanotechnology, 2007, (18): 75703-75708.

[21] YUJI A, SATO S, NIHEI M, et al. Carbon nanotubes for VLIS: Interconnect and transistor applications [J]. Proceedings of the IEEE,2010,98(12):2015-2029.

[22] BISWAS C, KIM K K, GENG H Z. Strategy for high concentration nanodispersion of single-walled carbon nanotubes with diameter selectivity[J]. American Chemical Society, 2009,36(6):10044-10051.

[23] TUUKKANEN S, KUZYK A, TOPPARI J J, et al. Trapping of 27 bp – 8 kbp DNA and immobilization of thiol-modified DNA using dielectrophoresis[J]. Nanotechnology,2007, (18): 295204-295209.

[24] LIU Q, KESKAR G, CIOCAN R, et al. Determination of carbon nanotube density by gradient sedimentation[J]. The Jounrnal of Physical Chemistry B, 2006: 110 (10), 24371-24376.

[25] GIERHART B C, HOWITT D G, CHEN S J, et al. Frequency Dependence of Gold nanoparticle super assembly by dielectrophoresis [J]. Langmuir, 2007, (23): 12450 -12456.

[26] MCEUEN P L. Nanotechnology - Carbon-based Electronics[J]. Nature,1998, 393:15-16.

[27] BLACKBURN J L, BARNES T M, BEARD M C, et al. Transparent Conductive single-walled carbon nanotube networks with precisely tunable ratios of semiconducting and metallic nanotubes[J]. ACS Nano, 2008, 50(2): 1266-1274.

[28] LEUNG G, LAU F T, LEUNG S, et al. Formation of Au Colloidal Crystals for Optical Sensing by DEP-Based Nano-Assembly[C]. The 2nd IEEE International Conference on Nano/Micro Engineered and Molecular Systems,Thailand, 2007: 922-926.

[29] LIU W K, LIU Y, FARRELL D, et al. Immersed finite element method and its applications to biological systems [J]. Computer methods in applied mechanics and Engineering, 2006, 195(13-16): 1722-1749.

[30] TOYODA S. Separation of semiconducting single-walled carbon nanotubes by using a long-alkyl-chain benzenediazonium compound[J]. Chem. - Asian J. 2007, 2(5):145 - 149.

[31] ROCO M. Small Wonders[J]. Nature, 2010, 467:18-22.

[32] LIU X L, HAN S, ZHOU C W, et al. Novel Nanotube-on-Insulator (NOI) Approach toward single-walled carbon nanotube devices[J]. Nano Lett, 2006, 6(1): 34-39.

[33] YU G, CAO A, LIEBER C M. Large-area blown bubble films of aligned nanowires and carbon nanotubes[J]. Nature Nanotech, 2007, (2): 372-377.

[34] WIND S J, APPENZELLER J, MARTEL R, et al. Vertical scaling of carbon nanotube field-effect transistors using top gate electrodes[J]. Appl. Phys. Lett. , 2002, 80: 3817-3819.

[35] CHEN Z H, APPENZELLER J, LIN Y M, et al. An Integrated Logic circuit Assembled on a single-walled Carbon Nanotube[J]. Science, 2006, 311: 1735.

[36] DAI H J, JAVEY A, POP A, et al. Electrical transport properties and Field-Effect Transistors of carbon nanotubes[J]. NANO,2006, 1(1): 1-4.

[37] CHEN Y H, IQBAL Z, MITRA S. Microwave-Induced Controlled Purification of single-walled carbon nanotubes without Sidewall Functionalization[J]. Adv. Funct. Ma-

ter, 2007, 17:3946-3951.

[38] HERSAM M C. Progress towards monodisperse single-walled carbon nanotubes [J]. Nature Nanotechnology, 2008, 6 (3): 387-394.

[39] MARTEL R. Sorting Carbon Nanotubes for Electronics [J]. ACS Nano, 2008, 2(11): 2195-2199.

[40] ARNOLD M S, ALEXANDER A. Sorting carbon nanotubes by electronic structure using density differentiation [J]. Nature,2006, 1038: 60-65.

[41] HU Y F, YAO K, WANG S. Fabrication of high performance top-gate complementary inverter using a single carbon nanotube and via a simple process[J]. Appl. Phys. Lett. , 2007, 90(9):223116-223118.

[42] STEINER M, FREITAG M, TSANG J, et al. How does the substrate affect the raman and excited state spectra of carbon nanotube[J]. Appl. Phys. A. , 2009, 96:271-282.

[43] XIAO C Y, ZHAO G Y, ZHANG A D. High Performance Polymer Nanowire Field-Effect Transistors with Distinct Molecular Orientations [J]. Advanced Materials, 2015, 27(34): 4963-4968.

[44] NAM W, MITCHELL J I, YE P D, et al. Laser direct synthesis of silicon nanowire field effect transistors[J]. Nanotechnology, 2015, 26(5): 055306-055311.

[45] ZHU Z G, GARCIA-GANCEDO L, FLEWITT A J, et al. Design of carbon nanotube fiber microelectrode for glucose biosensing[J]. Journal of Chemical technology and biotechnology,2012, 86(2): 256-262.

[46] LEE D, CUI T H. Suspended carbon nanotube nanocom-

posite beams with a high mechanical strength via layer-by-layer nano-self-assembly[J]. Nanotechnology，2011，22 (16)：165601-165609.

[47] SINGH G，CHOUDHARY A，HARANATH D. ZnO decorated luminescent graphene as a potential gas sensor at room temperature[J]. Carbon,2012,50(2)：385-394.

[48] ARNOLD M S，SUNTIVICH J，STUPP S I. Hydrodynamic characterization of surfactant encapsulated carbon nanotubes using an analytical ultracentrifuge[J]. ACS Nano,2008，2：2291-2300.

[49] SATYANARAYANA V N，KARAKOTI A S. One dimensional nanostructured materials[J]. Progress in Materials Science,2007，52(5)：699-913.

[50] JU S，JANES D B，LU G，et al. Effects of bias stress on ZnO nanowire field-effect transistors fabricated with organic gate nanodielectrics[J]. Applied Physics Letters，2006，89(19)：193506-193508.

[51] NOH Y，CHENG X Y，SIRRINGHAUS H N，et al. Inkjet printed ZnO nanowire field effect transistors[J]. Applied Physics Letters，2007，91(4)：043109-043111.

[52] FAN Z Y，LU J G. Chemical sensing with ZnO nanowire field-effect transistor[J]. IEEE Transactions on Nanotechnology,2006，5(4)：393-396.

[53] FAN Z Y，WANG D W，CHANG P C，et al. ZnO nanowire field-effect transistor and oxygen sensing property[J]. Applied Physics Letters， 2004， 85 (24)：5923-5925.

[54] LEE C Y，LI SY，LIN P，et al. Field-emission triode of

low-temperature synthesized ZnO nanowires[J]. IEEE Transactions on Nanotechnology，2006，5(3)：216-219.

[55] CHANG P C，FAN Z Y，CHIEN C J，ET AL. High-performance ZnO nanowire field effect transistors[J]. Applied Physics Letters，2006，89(13)：133113-133115.

[56] KO W，JUNG N，LEE M，et al. Electronic nose based on multipatterns of ZnO nanorods on a quartz resonator with remote electrodes [J]. ACS Nano，2013，7（8）：6685-6690.

[57] DRAGONIERI S，BRINKMAN P，MOUW E，et al. An electronic nose discriminates exhaled breath of patients with untreated pulmonary sarcoidosis from controls[J]. Respiratory Medicine，2013，107(10)：1073-1078.

[58] SBERVEGLIERI G，CONCINA I，COMINI E，et al. Synthesis and integration of tin oxide nanowires into an electronic nose[J]. Vacuum，2014，86(5)：532-535.

[59] HU Y S，LEE H J，KIM S W. A highly selective chemical sensor array based on nanowire/nanostructure for gas identification[J]. Sensors and Actuators B：Chemical，2013，181(6)：424-431.

[60] WONGCHOOSUK C，SUBANNAJUI K，WANG C Y，et al. Electronic nose for toxic gas detection based on photostimulated core-shell nanowires[J]. RSC Advances，2014，16(4)：35084-35088.

[61] 孙晖,张琦锋,吴锦雷.基于氧化锌纳米线的紫外发光二极管[J].物理学报.,2007,56(6):3479-3482.

[62] MA C，ZHOU Z H，HAO W. et al. Rapid large-scale preparation of ZnO nanowires for photocatalytic applica-

tion［J］. Nanoscale Research Letters，2011，6（10）：536-540.

［63］张威,李梦轲,魏强,等. ZnO 纳米线场效应管的制备及 I-V 特性研究［J］.物理学报,2008,57(9)：5887-5892.

［64］LI M，ZHANG H Y，GUO C X，et al. The research on suspended ZnO nanowire field-effect transistor［J］. Chinese Physics B，2009，18(4)：1594-1597.

［65］TIAN S Q，GAO Y R，ZENG D W，et al. Effect of Zinc doping on microstructures and gas-sensing properties of SnO_2 nanocrystals［J］. Journal of the American Ceramic Society. 2012，95(1)：436-442.

［66］LI C H，LIU R，HOU X D，et al. Exploration of nano-surface chemistry for spectral analysis［J］. Chinese Science Bulletin,2013，58(17)：2017-2026.

［67］HUANG K J，ZHANG Z X，YUAN F L，et al. Fabrication and hexanal gas sensing property of nano-SnO_2 flat-type coplanar gas sensor arrays at ppb level［J］. Current Nanoscience，2013，9(3)：357-362.

［68］NIU W F. A chemiluminescence sensor array based on nanomaterials for discrimination of teas. Luminescence，2013，28(2)：239-243.

［69］LIU N，LIANG W F，LIU L Q，et al. Extracellular-controlled breast cancer cell formation and growth using non-UV patterned hydrogels via optically-induced electrokinetics［J］. Lab on a Chip, 2014，14(7)：1367-1376.

［70］WANG Z B，LIU L Q，WANG Y C，et al. A fully automated system for measuring cellular mechanical properties［J］. Journal of Laboratory Automation. 2012，17（6）：

443-448.

[71] 王智博,刘连庆,王越超,等.高速自动化细胞机械测量系统 [J].自动化学报,2012,38(10):1639-1645.

[72] DAIA K,DAWSONB G,YANG S,et al. Large scale preparing carbon nanotube/zinc oxide hybrid and its application for highly reusable photocatalyst[J]. Chemical Engineering Journal,2012,191(5):571-578.